Edizioni PensareDiverso
Cenacolo Jung Pauli

Bruno Del Medico

Kvantové zapletenie a synchronicita udalostí

Silové polia, úroveň nelokality, mimozmyslové vnímanie. Prekvapivé vlastnosti kvantovej fyziky.

From the original Italian "Entanglement e sincronicità" (2016)

Bruno Del Medico Editore
edizioni@delmedico.it

"Podľa môjho osobného názoru nebude pre vedu budúcnosti realita ani psychická, ani fyzická. V určitom zmysle bude veda oboje. Preto nebude veda výlučne fyzická alebo psychická." Bolo by absolútne žiaduce, aby sa fyzika a psychika považovali za doplnkové aspekty tej istej reality. ""

(Wolfgang Pauli, Nobelova cena za fyziku, list z roku 1950 Abrahámovi Paisovi)

Zhrnutie knihy.

Úvod. O čom je táto kniha.

Po mnoho storočí sa mimosmyslové vnímanie ako telepatia, znamenie budúcnosti a jasnovidectvo považovali za podvodné fantázie, ilúzie alebo vynálezy.

Materialistický prístup prevládajúci vo vedeckých kruhoch a priori popiera akúkoľvek „duchovnú" realitu. Dôvod je ten, že tieto skutočnosti nie sú laboratórne overiteľné.

Napriek tomu všetci ľudia mali určité skúsenosti podobné tým, ktoré poprela veda. Medzi týmito skúsenosťami si môžeme spomenúť na nevysvetliteľné udalosti, na znamenia budúcich udalostí alebo na sny, ktoré sa stanú skutočnosťou.

Tieto skúsenosti sme často ťažili. To ukazuje, že nešlo o iluzórne zážitky.

Tieto javy nie sú zriedkavé a postihujú každého. Niektorí vedci, ktorí majú otvorenejšiu myseľ, sa chceli touto otázkou zaoberať vedecky. Zaujímalo ich, či existuje spôsob, ako pochopiť mimozmyslové zážitky bez toho, aby sa uchýlili k okultizmu, mytológii alebo pseudonáboženským filozofiám. Kniha rozpráva o skúsenostiach týchto výskumníkov.

Teraz sa konečne objavujú dôkazy, ktoré vedecky preukazujú existenciu vyššej úrovne vedomia.

Existuje „kolektívna myseľ"", ktorá obsahuje myšlienky a myšlienky spoločné pre celé ľudstvo. Toto je psychický vesmír, ktorý môžeme využiť vo svoj prospech. Z tohto vesmíru prijímame signály a informácie.

V roku 1980 bolo experimentálne potvrdené „kvantové zapletenie". Táto vlastnosť je typická pre elementárne častice. Všetky častice (atómy, elektróny, fotóny) môžu navzájom komunikovať bez obmedzenia času a času.

To ostro kontrastuje s predpokladmi materialistickej fyziky.

Komunikácia medzi elementárnymi časticami sa deje v dimenzii, ktorá nepodlieha známym fyzikálnym zákonom. Túto dimenziu možno porovnať s „univerzálnou mysľou".

Experimenty „Projekt globálneho vedomia" uskutočňované na Princetonskej univerzite nepochybne preukázali existenciu svetového vedomia.

Kniha popisuje takzvanú teóriu „kolektívneho podvedomia", ktorú vyvinul slávny psychoterapeut Carl Gustav Jung. Jungova teória je veľmi podobná novoplatonickému konceptu „Anima mundi". Tieto teórie sú potvrdené v predpovediach kvantovej fyziky, vyvinutých významnými vedcami a nositeľmi Nobelovej ceny.

Kvantová fyzika dokumentuje existenciu úrovne nazývanej „nelokálna". Na tejto úrovni elementárne častice napriek tomu, že sú oddelené obrovskými vzdialenosťami, vedia o sebe všetko a správajú sa, akoby boli jedno.

Od materialistickej vízie vesmíru úplne založeného na hmote agregovanej náhodou sa ľudstvo posúva k novému spôsobu chápania reality, kde hmota a psychika koexistujú a integrujú sa.

Zatiaľ čo klasická fyzika zostáva dominantnou vo svete vnímateľnom pre naše zmysly, objavujú sa nové úrovne reality s psychickým obsahom.

Na kvantovej úrovni už klasická fyzika neplatí. Samotná hmotná časť vesmíru neplní svoju funkciu. Potrebuje psychický rozmer, to znamená ďalšiu úroveň, úroveň nelokality.

Ja Na tejto úrovni sa celý vesmír stáva jednou vecou. Už to nie je vyrobené z hmoty, ale z energie a informácií a je koordinované silou harmónie, bez ktorej by existoval iba chaos.

V najskrytejších úrovniach reality sa hmota nezaobíde bez psychiky. Podobne aj psychika potrebuje na vyjadrenie hmotnú časť.

Toto vedomie sprevádza ľudstvo smerom k novému evolučnému skoku, po ktorom prestane materialistická dominancia.

Nastane éra spolupráce medzi psychikou a hmotou. Javy, ktoré sú dnes popierané, ako napríklad mimozmyslové vnímanie, sa stanú dedičstvom bežného používania v každodennom živote.

1. časť - Dôležité úvodné témy.

The person who follows the crowd
will usually go no further than the crowd.
(Albert Einstein)

Kto sleduje masu ľudí, nikdy nepôjde ďalej ako masa ľudí.
(Albert Einstein)

Masaker na ulici Baruhill.

27. októbra 1992 došlo k strašnej tragédii v Terrigale, rezidenčnej štvrti Bateau Bay, ktorá sa nachádza na centrálnom pobreží, neďaleko ľudnatého austrálskeho mesta Sydney.

Vo chvíli šialenstva vtrhol do domu Thomasa Gannana na Baruhill Street muž, ktorý zabil Thomasa a jeho dve dcéry: 23-ročnú Kerry a 18-ročnú Lisu.

Šialenec ďalej zabil svojho 27-ročného syna Davida a ďalších dvoch ľudí, ktorí sa nachádzali v dome.

Páchateľ masakry sa volal Malcolm Baker.

Podľa miestnych novín The Sidney Morning Herald, ktoré sa touto záležitosťou podrobne zaoberali, sa všetko stalo z hlúpych dôvodov. Masaker v Baruhill Street je určite jednou z tých epizód, ktoré volajú po pomste pred oblohou.

Tvárou v tvár týmto prípadom sme všetci ohromení. Zaujíma nás, prečo mohlo dôjsť k tak ohavnému zločinu. Veriaci si môžu položiť otázku: Prečo to Boh pripúšťa?

Bolesť celej komunity bola veľká. Tretia dcéra Thomasa Julie, ktorá mala v čase masakry 17 rokov, napísala srdcervúcu ľúbostnú báseň pre stratených blízkych, z ktorej citujem niekoľko veršov:

... now that everything has happened
I wish it were a dream,
but unfortunately it is reality,
even if I can't believe it.
Dear Dad, even if you are gone

Obrázok 1. Vpravo je Lisa Gannan. Po boku Lisy je jej sestra Kerry, tiež obeť zabitá Malcolmom Bakerom. Na fotografii je aj matka dievčat, ktorá v čase masakry nebola doma.

The Sydney Morning Herald

Late Edition 60 cents* 48 Pages No 48,409 First Published 1831 Editorial 282 2822; General 282 2833; Classifieds 282 1122 Thursday

Couple split up before massacre

Obrázok 2. Predná strana časopisu Sydney Morning Herald so správami o masakre.

I always love you..."

"... Teraz, keď sa všetko stalo."
Bol by som rád, keby to bol sen,
ale bohužiaľ je to realita,
aj keď tomu neverím.
Drahý otec, aj keď si preč
Vždy ťa milujem..."

Pamätal som si tento strašný masaker, aby som dal knihe zmysel. Samozrejme, keď stojíme pred otázkou, prečo sa tieto veci môžu stať, nemáme odpovede. Vieme si však predstaviť, že keby „niekto" vydal varovanie, nestalo by sa tak.

Mnohokrát v prípade náhlych katastrof rôzneho druhu, ako sú napríklad prírodné katastrofy, existujú ľudia, ktorí tvrdia, že mali „negatívne pocity", vďaka ktorým sa dokázali vyhnúť najhoršiemu. Prečo sa to nestane vždy? Prečo sa to nestane každému? Prečo sa tak nestalo v prípade rodiny Gannanových?

Nepochopiteľná predtucha.

tále je možné, že táto rodina dostala varovanie. Ako sme videli z uštipačnej básne Julie, dievčatá z gannanskej domácnosti radi písali. Osemnásťročná Lisa tiež potešila písaním veršov.

Je zrejmé, že dievča plné života, veselé, slnečné, čo iné by mohla napísať, ako hymny na radosť?

Lisa bola v škole. Učiteľka bola nepríjemne prekvapená, keď krátko pred masakrom prečítala v Lisinom denníku tieto riadky:

"Why did you come to cry before my grave?
I'm not in the grave, I'm not sleeping.
I am a wandering star in the darkness of the night sky.
Don't cry here anymore,
I'm not in the grave, I live in the dark sky."

"Prečo si prišiel s plačom pred môj hrob?"
Nie som v hrobe, nespím.
Som blúdiaca hviezda v tme nočnej oblohy.
Neprestávaj a plač tu,
Nie som v hrobe, žijem na temnej oblohe."

Keď sa jej učiteľ spýtal, prečo verše tak plné horkosti, Lisa odpovedala, že nevie, pretože sa zrodili v jej mysli spontánne.

Musíme si však tiež položiť otázku, či by bolo možné, aby im Lisa porozumela.

Lisa bola pravdepodobne varovaná, ale neznámym, hermetickým jazykom, ťažko interpretovateľným. Dievčaťu ten jazyk nebol zrozumiteľný.

Všetky veci, ktoré sa dejú okolo nás, zvláštne náhody, „znamenia", ak nemajú žiadny význam, sa nedajú pochopiť.

Ak sme, naopak, schopní dať zmysel bezvýznamnej epizóde, stane sa táto epizóda pre nás významnou náhodou. Psychológ Carl Jung nazýva tieto udalosti „synchronicitou".

Štúdiu týchto tém venoval Jung veľkú časť svojho života. Všetci dostávame veľa správ v podobe nepolapiteľných signálov, zvláštnych náhod, často opakovaných kombinácií, paralel. Nepovažujeme ich však za náležitú pozornosť.

Stáva sa to preto, lebo tieto fakty považujeme za číre prípady. Je ťažké uveriť, že „niekomu" na nás tak záleží, a snaží sa nám posielať varovania. Prečo by to mal robiť? A ak to chce urobiť, prečo sa nevyjadruje jasnejšie?

Môže sa stať opak.

Na rozdiel od ťažkostí s tlmočením z predchádzajúcej epizódy, pán Woods venoval oveľa viac pozornosti intuíciám nebezpečenstva. Bol senior partnerom v právnickej firme v New Yorku. Zdá sa, že sa mu viackrát podarilo vyhnúť sa bezprostrednému nebezpečenstvu.

Podľa veľmi rozšírenej anekdoty na internete sa mu vlastne podarilo uniknúť pred tromi útokmi.

Prvýkrát to bolo 21. decembra 1988, keď mal Woods odštartovať let 103 spoločnosti Pan Am. Týmto lietadlom bol Boeing 747-121 nazývaný Clipper Maid of the Seas a letel z Londýna do New Yorku. Lietadlo explodovalo za letu.

Tragédia sa stala nad mestom Lockerbie v Škótsku. Pri leteckej katastrofe zahynulo 270 ľudí, 259 na palube lietadla a 11 na zemi zasiahnutých vrakmi.

Pán Woods bol zachránený, pretože sa vzdal odchodu. Po druhýkrát, 26. februára 1993, unikol teroristickému útoku, ktorý smeroval proti Svetovému obchodnému centru na Manhattane. V tom čase bolo v dôsledku výbuchu dodávky naloženej výbušninami umiestnenou v podzemnom parkovisku 6 mŕtvych a vyše 1000 zranených.

Nakoniec sa pán Woods 11. septembra 2001 vzdialil od „Twin towers krátko pred teroristickým útokom, ktorý ich zrazil.

Aj keď tento príbeh nie je zdokumentovaný presne, existujú desiatky podobných, ktoré sa týkajú veľmi šťastných ľudí, alebo ... títo ľudia boli veľmi pozorní voči psychickým varovaniam.

- Koľko váži duša?

Okolo nás je veľa vecí, ktorým nerozumieme. Je to večné odsúdenie, alebo môžeme dúfať, že skôr či neskôr nájdeme spôsob, ako osvetliť?
Všetko naznačuje, že veľa ľudských schopností nie je známych, skutočne existujú aj také, ktoré si ani nepredstavujeme. Ostatné schopnosti sú iba intuitívne, iné, napríklad videnie budúcnosti a telepatia, prisaháme, že existujú, ale nevieme, ako ich správne používať.
V posledných storočiach vedecké predsudky o realite vesmíru popierali akúkoľvek možnosť zapojenia psychických skutočností do fungovania prírody.
Svet okolo nás sa považuje za zmes „tuhej hmoty“, ktorá podlieha mechanistickým pravidlám. Podľa tejto koncepcie sú normálne iba veci, ktoré je možné odvážiť a zmerať, všetko ostatné je čistá ilúzia, akoby neexistovala.

Potrebné sú presnejšie metódy váženia.

S príchodom osvietenstva, kultúrneho a filozofického hnutia, ktoré sa v Európe vyvinulo okolo 18. storočia, sa uvádzalo, že ak duša existuje, musí byť možné zmerať jej váhu. Je to tak preto, lebo nemohla existovať duša vyrobená iba z „ducha“.
Preto sa rozhodlo krátko pred smrťou a krátko po nej vážiť umierajúcich, aby sa zistilo, či sa ich váha líši.

Pretože sa zistilo, že váha zostala rovnaká, dospelo sa k záveru, že duša úplne neexistovala.

Myslel som, že tento experiment možno považovať za smiešny bez pridania komentárov. Namiesto toho som dostal správu, že to niekto chce zopakovať v našich časoch.

Film s názvom „21 gramov“ bol natočený v roku 2003 a je založený na experimentoch z roku 1901, ktoré v Dorchesteri viedol Dr. Duncan MacDougall. Existuje veľa miest s týmto názvom, ale tu označujeme mesto nachádzajúce sa v Massachusetts (USA) ..

Vedec chcel preukázať, že ľudská duša má hmotnosť, a preto je merateľná pomocou presnejších váhových nástrojov, ako boli použité v roku 1700. Overil teda váhu šiestich zomierajúcich ľudí pred a po smrti týchto ľudí. Jeho záver bol, že duša váži 21 gramov, a teda aj názov filmu.

Pre väčšiu bezpečnosť lekár rovnakou metódou odvážil aj psa a zistil, že v takom prípade zostáva váha rovnaká. Dospel k záveru, že duše majú iba ľudia, zvieratá nie.

Ale všetko treba prerobiť!

Pokiaľ veda predstiera materialistický prístup tohto druhu, v dialógu medzi vedou a psychikou sa nedosiahne žiadny pokrok. To, čo chceme potvrdiť v tejto knihe, je, že realita nie je zložená iba z hmoty.

Otázky, ktoré si kladieme, sú po celé storočia rovnaké:

- Je možné, že aj psychika má vo vesmíre miesto z hmoty?

- Existuje vzťah medzi psychikou a hmotou a aké sú jeho základy?
- Žije naše osobné svedomie uzavreté v sebe samom alebo má možnosť komunikovať so všetkými ostatnými svedomiami vesmíru?
- A aké sú „iné svedomia“?
- Akými prostriedkami môže prebiehať táto komunikácia medzi svedomím?
- A nakoniec existuje globálne vedomie, „nadvedomie“, ktoré spája a zjednocuje všetky jednotlivé vedomia?

Tieto problémy sa môžu javiť zložité, ale nie je nemožné priblížiť sa k ich pochopeniu. Mnohí pracujú na uľahčení úlohy. Títo vedci to robia vážne a vedeckou metódou.

V tejto knihe uvádzam objavy, experimenty a skúsenosti najznámejších vedcov z predmetov zapojených do tohto výskumu, od psychológie po kvantovú fyziku.

Schopnosť skúmať tieto témy namiesto toho, aby sme ich z vedeckého hľadiska hodnotili ako neovplyvniteľné, môže prispieť k objektívnemu pochopeniu schopností našej mysle a toho, ako dokáže viesť dialóg s univerzálnou mysľou.

Vo svojej úlohe popularizátora sa pokúsim odhaliť všetky rôzne hypotézy bez toho, aby som nejaké uprednostňoval.

Normálne a paranormálne.

Tvrdenie, že psychické javy sú „paranormálne", je veľmi otázne. Niečo sa dá nazvať „neobvyklým", ak sa to nestane často alebo sa to nestane väčšine ľudí. Všetci však vieme, aj z vlastnej skúsenosti, že mimozmyslové vnímanie sa vyskytuje bežne a často.

Pre túto kategóriu udalostí však oficiálna veda vytvorila predponu „para" s čisto negatívnym významom. Pomocou „para" definujeme všetky veci, ktoré sa podľa oficiálnych vied nedajú vážiť a merať v laboratóriu, a preto neexistujú.

Podľa tohto kritéria by veľa tém, o ktorých v tejto knihe hovorím, bolo nadprirodzených, prakticky by išlo o podvody alebo výsledky mentálnych návrhov.

Mnoho ďalších otvorenejších vedcov zastáva názor, že na druhej strane ide o bežné udalosti, skutočne veľmi bežné, pretože sa ich týka veľmi veľa ľudí, často aj viackrát.

Preto aj sám definujem tieto udalosti ako javy, ale nie v zmysle epizód, ktorými sa má pohŕdať. Pod pojmom javy budeme označovať neobvyklé skutočnosti, ktoré je potrebné ďalej študovať, aby boli pochopiteľné.

Nie je nezvyčajné mať „mentálny zrak", ktorý sa potom stane realitou. Rovnako sa môže stať, že si každý z nás pomyslí na osobu, ktorú sme stratili z dohľadu na dlhší čas, a o chvíľu na to môžeme od neho dostať telefonát.

Podobne sa nám často darí duševne zdieľať s blízkymi niektoré myšlienky, ktoré nám prirástli k srdcu. Zdieľanie sa deje, aj keď sme nikdy predtým tieto myšlienky nevyjadrili.

Prakticky každý z nás mal niekedy pocit, že bol pozorovaný. Potom sme sa otočili a overili sme si, že na nás niekto skutočne pozeral zozadu.

Pre zástancov materializmu sú to iba prípady alebo ilúzie dozreté v mozgovej hmote.

Podľa materialistov je schopnosť ľudského myslenia založená na výmene elektrochemických signálov v mozgu. Tieto výmeny prebiehajú vo vnútri lebky. Nič nemôže vyjsť.

Preto je úplne vylúčená možnosť, že myšlienky vychádzajú z našej hlavy alebo vstupujú do našej hlavy prichádzajúce z iných hláv.

Všetko, čo si predstavíme, sa rodí a zomiera v našom mozgu, nemá šancu sa dostať von. Naše myšlienky nemôžu cestovať do vesmíru a nemôžu sa dostať do iných mozgov.

Niektorí hovoria, že by bolo možno možné prenášať signály spojením dvoch mozgov pomocou elektrického kábla. Alebo by bol potrebný wi-fi systém schopný výmeny signálov medzi mozgami.

Podľa nich je wi-fi systém založený na telepatii, teda na výmene čistého myslenia, bez fyzických spojení, úplne nepredstaviteľný. Aj keď sa zdá, že sa vyskytujú telepatické javy, podľa materialistickej vedy k nim nedochádza. Rozhodli sa.

V tejto chvíli stojí za to sa pýtať, čo je veda. Možno je veda systém, v ktorom všetko prebieha podľa predsudkov väčšiny?,

Alebo je veda systém, v ktorom sa robí výskum bez vylúčenia akejkoľvek možnosti? Je potrebné vziať do úvahy, že príliš veľa neomylných učiteľov muselo zmeniť svoje presvedčenie. bohužiaľ sa často stáva, že sa mylné viery zmenia až potom, čo sú každému dlho vnucované.

Počnúc storočiami osvietenstva a až do posledných rokov bol materializmus jedinou možnou realitou. A konečne, od polovice minulého storočia odhalenia kvantovej fyziky vymazali mnoho mylných predstáv.

Od príchodu kvantovej fyziky si malá menšina osvietených myslí otvorila nové obzory. Títo vedci neustále pribúdajú, pretože vďaka vedeckým dôkazom sú materialistické teórie zastarané.

Títo muži prehodnotili koncept psychiky. Psychika sa spolu s hmotou stala podstatnou súčasťou popisu reality.

Prvou organizáciou zaoberajúcou sa vedecky podloženým štúdiom mimozmyslových reálií bola „Britská spoločnosť pre psychický výskum“.

British Society for Psychical Research

V roku 1882 vytvorili túto spoločnosť traja členovia „Trinity College“ v Cambridge. Volali sa Chiaman Edmund Gurney, Frederic Myers a Henry Sidgwick. Na založení sa podieľal aj Edmund Rogers

BSPR je neziskové združenie založené za týmto účelom:

„Študovať udalosti a kapacity bežne definované ako mediumistické alebo nadprirodzené propagáciou a podporou dôležitého výskumu v tejto oblasti."
Spoločnosť bola ďalej založená na „vedecké a nestranné skúmanie paranormálnych javov".
Preto sa BSPR zrodila práve preto, aby urobila dobrý výskum parapsychologických alebo paranormálnych javov a vyhodnotila, koľko pravdy tu je.
Výskum sa zameral hlavne na šesť oblastí vrátane:
- telepatia;
- mesmerizmus alebo magnetizmus;
- zjavenia;
- fyzické javy, ktoré sa vyskytli počas seansy;
- história všetkých týchto javov.

Združenie má v súčasnosti sídlo v Londýne a Cambridge. Francúzska pobočka SPR bola založená v roku 1885 ako „Société Francaise pour les Recherches Psychiques" (SFRP). Následne bola založená americká pobočka „American Society for Psychical Research" (ASPR).
Niektorí slávni podporovatelia združenia boli Carl Gustav Jung, Mark Twain, Lewis Carroll, Carl Alfred, Lord Tennyson, J. B. Rhine a Arthur Conan Doyle.
Činnosť asociácie pokračuje vydaním štvrťročníka „Journal of the Society for Psychical Research" (JSPR)

Stále málo.

Prijatie oficiálnej vedy v konfrontácii s BSPR bolo chladné. Hermann Ludwig Ferdinand von Helmholtz, nemecký lekár, fyziológ a fyzik. bol jedným z najviac mnohostranných vedcov svojej doby. Z tohto dôvodu ho prezývali Kanzler der Physik (kancelár fyziky). Vyhlásil veľmi rozhodne:

Nikdy neuverím v prenos myšlienok medzi rôznymi ľuďmi. Svoj názor nezmením ani pred výpoveďami všetkých členov BSPR. V skutočnosti nezmením názor, aj keď to vidím na vlastné oči.

Podobné vyhlásenia boli urobené aj v prípade prenosu hlasu a obrazu. Neskôr však boli objavené rádiové vlny.

Možno mnohých ľudí prinútia objavy „psychických vĺn", ktoré sú v súčasnosti v bežnej fyzike neznáme, znova.

Na kvantovej úrovni sa predpokladá, že sú možné „psychické vlny" alebo niečo veľmi podobné a študujú sa.

Veda je bohužiaľ veľmi konformná a každý sa prispôsobuje súčasnej situácii, najmä ak má čo stratiť. Situácia vo svete výskumu je sklamaním. Závažných štúdií o mimozmyslových vnímaniach je stále veľmi málo.

V skutočnosti, ak by niekto chcel obrátiť svoj záujem na oblasť paranormálnych javov, určite by nenašiel financovanie a vážne by ohrozil svoju kariéru.

Našťastie sa veci menia, aj keď pomaly. Materializmus je dnes zastaranou doktrínou.

Bohužiaľ stále existujú veľké skupiny, ktoré sa tvrdohlavo usilujú brániť materialistické teórie. Vyzerajú ako poslední Japonci zabarikádovaní na pevnostiach tichomorských ostrovov, tí, ktorí nechceli prijať realitu. Realita pre nich je taká, že vojna sa skončila porážkou.

Múry Jericha sa rúcajú.

Existujú niektoré nedávne objavy, také neočakávané, ako sú zdokumentované a potvrdené, ktoré narúšajú viery fyziky v posledných storočiach a môžu rozhodujúcim spôsobom ovplyvniť chápanie mimozmyslových javov (ESP).

Odhalenia posledných rokov, najmä v oblasti kvantovej fyziky a v štúdiu vesmíru, poskytujú úplne iný pohľad na realitu.

Spomínam niekoľko noviniek, ktoré sú užitočné pre pochopenie nasledujúcich kapitol.

„Zbytočná DNA"

V molekulárnej biológii je „nekódujúca DNA" definovaná ako akákoľvek sekvencia DNA, ktorá nepodlieha transkripcii do RNA. Zjednodušene povedané, „nekódujúca DNA" nemá žiadne známe funkcie, nikto nevie, na čo slúži. Zjavný nedostatok užitočnosti pre túto DNA viedol k vytvoreniu pojmu nezdravá DNA.

Bolo formulovaných niekoľko hypotéz. Jedinou istotou však je, že približne 98,5% ľudského genómu je zložených z nekódujúcich sekvencií, tj. „Nezdravej DNA".

Aj pri zohľadnení ďalších výpočtových metód zostáva percento DNA, ktoré sa pravdepodobne nepoužíva, vysoké (asi 72,5%). Boli zaznamenané významné podobnosti medzi pármi báz ľudskej DNA a pármi báz rýb, psov alebo kurčiat. Podľa všetkého existujú prvky ľudskej DNA spoločné pre druhy vzdialené milióny rokov na evolučnej ceste. Počas tejto cesty DNA rôznych druhov udržiavala „neužitočnú" časť nedotknutú.

Ale nenaučila nás evolúcia, že to, čo je na druhu zbytočné, sa vylučuje alebo nahrádza vylepšeniami?

Je preto veľmi pravdepodobné, že všetko toto „nevyžiadané DNA" má nejakú nejasnú úlohu, veľmi odlišnú a pravdepodobne vyvinutejšiu ako úloha normálnej DNA.

Regenerácia mozgových buniek.

Neurobiológia od svojho vzniku tvrdí, že mozog dospelých cicavcov (teda aj človeka) nemôže generovať nové nervové bunky. Ako starneme, mozog sa neúprosne chátra.

Asi pred dvadsiatimi rokmi, po objavení mozgových kmeňových buniek, bola táto istota vymazaná a dnes už vieme, že je možná tvorba nových neurónov v niektorých oblastiach mozgu dospelých. Na základe experimentov na myšiach mohol mozog každý deň vyprodukovať až 10 000 nových neurónov.

Odolnosť mozgu je enormne väčšia, ako sa verilo pred niekoľkými desaťročiami.

V dôsledku toho je potrebné prehodnotiť funkciu a schopnosti ľudského mozgu. V roku 1980 prestížny vedecký časopis „Science" dokumentoval prípad

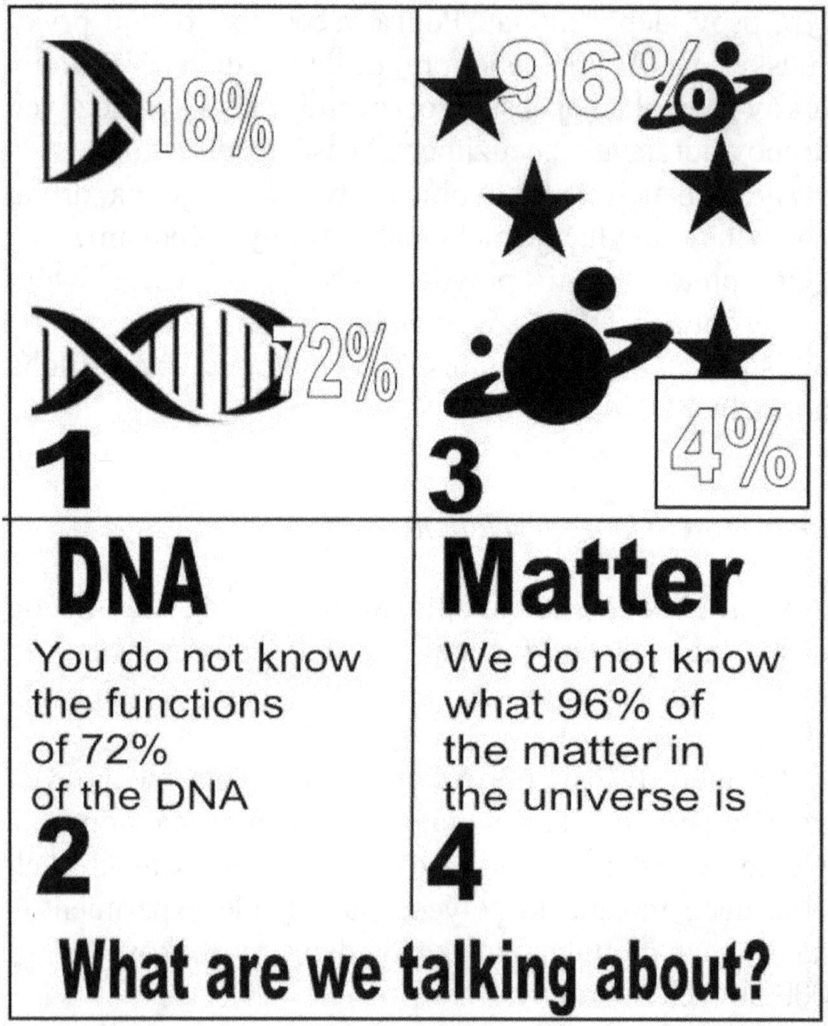

Obrázok 3. Naše znalosti o svete, v ktorom žijeme, sú stále také obmedzené, že sa dá povedať len veľmi málo a nemožno poprieť nič.

1 - 2 72% DNA má neznámu funkciu.

3–4 96% vesmíru je tvorených „temnou hmotou".

pacienta liečeného na univerzite v Sheffielde vo Veľkej Británii.

Pacientom bol mladý študent, u ktorého sa ukázalo, že nemá mozog. Napriek tomu mal chlapec IQ 125. Táto hodnota je určite nadpriemerná. Mladému mužovi sa v skutočnosti podarilo vyštudovať matematiku s vynikajúcimi známkami. (Zdroj: R. Lewin, „Is Your Brain Really Necessary?“, Science 210, 1232–1234, 1980.). Je známych veľa ďalších prípadov jedincov, ktorým sa aj napriek závažným mozgovým chybám darí viesť celkom normálny život

Známy je napríklad prípad Michelle, mladej ženy z Virgínie, ktorá sa narodila bez ľavej polovice mozgu. Tento prípad študoval a zdokumentoval Jordan Grafman, riaditeľ „Bethesda Cognitive Neuroscience Unit“.

CICAP na svojej webovej stránke zverejňuje článok, v ktorom sa uvádza, že príbeh Michelle rozprávali týždenníky a noviny ako dôkaz existencie neuronálnej plasticity alebo neurogenézy. Podľa článku CICAP je to nezmysel; neuronálna plasticita nemá nič spoločné s príbehom Michelle. Tento príbeh iba demonštruje adaptabilitu mladého mozgu na prostredie.

Bude to adaptabilita, faktom je, že Michelle žije veľmi dobre iba s polovičným mozgom.

96% vesmíru nemožno nájsť.

Tí, ktorí sledujú vývoj astronomického výskumu, už vedia neuveriteľnú skutočnosť. Keď sa verilo, že všetko je teraz známe, zistilo sa, že 96% vesmíru tvorí hmota, o ktorej nevieme absolútne nič. Vieme iba to, že existuje.

Tento materiál nie je viditeľný, nie je merateľný, ale vieme, že tam je. Keby tam nebol, vesmír by nemohol fungovať tak, ako funguje, na základe zákona gravitácie.

Až doteraz boli objavy vesmíru založené na predpovediach, ktoré sa neskôr ukázali ako správne. Predpovedala sa napríklad existencia neutrína a Higgsovho bozónu. Tieto predpovede sa potvrdili.

Dnes sa predpokladá existencia časti vesmíru rovnajúca sa 96% a nazýva sa „temná hmota“ práve preto, že je neviditeľná a nemerateľná. Čakáme, či bude táto predpoveď tiež presná, alebo či vesmír takto funguje z nejakého iného dôvodu.

Prichádza na myseľ vyhlásenie lorda Kelvina, jedného z najvýznamnejších fyzikov jeho doby. V roku 1900, keď sa zdalo, že Newtonova mechanika a elektromagnetizmus vysvetľujú celú fyzickú realitu, povedal:

„Vo vede nie je čo objavovať nič nové: zostáva len robiť čoraz presnejšie merania.“ Pravdepodobne však v jeho dobe nebolo objavených ani 1% reality.

Časť 2. Duša sveta.

*"I simply believe that some part of the
human Self or Soul is not subject
to the laws of space and time."
(Carl Gustav Jung)*

*„Som jednoducho presvedčený, že nejaká časť Ja alebo
Duše človeka nepodlieha zákonom priestoru a času."
(Carl Gustav Jung)*

Vedomie, že „všetko je jedno".

Od úsvitu existencie bola ľudská myšlienka fascinovaná a zahrnutá do konceptu, že stvorenie je navzájom prepojené prostredníctvom celkového puta. Nejde o odkaz súvisiaci s hmotou. Je to psychický odkaz, ktorý je nad hmotou.

Pohanstvo a prvé animistické náboženstvá verili, že každá realita, aj tá najjednoduchšia, obsahuje duchovnú prítomnosť, často spojenú s „dušou stvorenia".

Platón a „Anima mundi".

Medzi prvými, ktorí hovorili o univerzálnej duši, bol Platón, grécky filozof, ktorý žil v rokoch 428 až 340 pred Kr. ktorý tento pojem vyhlásil v časopise „Timaeus" a prevzal ho zo starodávnejších orientálnych tradícií. Platón píše takto:

> "Wherefore, using the language of probability, we may say that the world became a living creature truly endowed with soul and intelligence by the providence of God". (Plato, Timaeus, chapter VI, 30b-30c)

„Preto podľa pravdepodobnej tézy treba povedať, že tento svet sa zrodil ako živá bytosť skutočne obdarená dušou a inteligenciou vďaka božskej prozreteľnosti“ (Platón, Timej, kapitola VI, 30b-30c

Platón mal problémy aj s materializmom, ktorý v tom čase predstavoval ďalší filozof, Demokritos, ktorý žil v rokoch 460 až 370 pred n. Demokritos obhajoval tézu o atomizme. Táto téza predstavuje prvú formu myslenia, podľa ktorej hmota predstavuje jedinú substanciu a je jedinou príčinou vecí.

Kresťanský filozof Plotinus žil v treťom storočí. Odvoláva sa na Platónovu myšlienku, keď vo svojej práci „Enneidi“ píše nasledovne:

"This universe is a unique animal that contains in itself all the animals, having only one Soul in all its parts".
(Plotinus, The Enneads IV, 4, 32)

"Tento vesmír je jedinečné zviera, ktoré obsahuje všetky zvieratá v sebe." Vesmír má v skutočnosti iba jednu Dušu vo všetkých svojich častiach "(Plotinus, Enneadi IV, 4,32).

Neskôr môžeme rozlišovať medzi západným myslením a východným myslením.

„Anima mundi" podľa západných myšlienok.

William z Conches, francúzsky akademický filozof dvanásteho storočia, ktorý interpretuje myšlienku kresťanstva, s ktorou je spojený, hovorí o „duši sveta" týmito slovami:

> The Soul of the World is a natural energy beings for which some have only the ability to move, the other to grow, others to perceive through the senses, others to judge. The question is ... what is that energy. But, as it seems to me natural that energy is the Holy Spirit, which is a benign and divine harmony that is that from which all realities have to be, to move, to grow, the feeling, the experience, the judge."

> *"Duša sveta je prirodzenou energiou tvorov." Vďaka tejto energii majú niektoré stvorenia schopnosť pohybovať sa, iné rásť, iné vnímať zmyslami, iné robiť úsudky. [...]*
> *Chceli by sme vedieť, čo je to tá energia. Samozrejme, tou prírodnou energiou je Duch Svätý. Táto energia je božská a benevolentná. Vďaka tejto energii môžu všetky veci existovať, rásť, pohybovať sa, cítiť, žiť, súdiť ".*

V 16. storočí koncept „Duše sveta" podporil Giordano Bruno. Tento filozof si predstavoval Boha, ktorý je v prírode taký prítomný, aby mohol potvrdiť, že sama príroda je Boh. Filozof Tommaso Campanella tiež tvrdil, že všetky prvky existujúcej reality majú svedomie.

„Anima mundi" vo východnom myslení.

Súbežne s typickými formami Západu sa pojem „duša sveta" rozvinul aj na východe, v náboženstvách ako hinduizmus, budhizmus a taoizmus.

Aj vo východných náboženstvách alebo filozofiách prevláda predstava, že vesmír je oživený jednotnou a kompaktnou silou.

V Číne je touto silou Tao, čo je činnosť, ktorá privádza kozmický dualizmus predstavovaný „jin a jang" k jednote.

V slávnom texte „Tao Te Ching" popisuje majster Lao Tse Tao týmito veršami:

There was something undefined and complete, coming into existence before Heaven and Earth.
How still it was and formless,
standing alone, and undergoing no change, reaching everywhere and in no danger. It may be regarded as the Mother of all things.
I do not know its name, and I give it the designation of the Dao. Making an effort to give it a name I
call it The Great.

Je niečo, čo je bez rozdielu dokonalé.
Toto existuje pred narodením neba a zeme.
Aký je pokojný! A aké je prázdne!
Je nezávislý a nemenný.
Tao blúdi v kruhoch bez prekážok.
Môžeme považovať Tao za matku sveta.
Nepoznáš jeho meno.
Ja tomu hovorím „Tao".
Ja tomu hovorím „Čo je super".

Tento názov však nestačí na vyjadrenie svojej veľkosti.

Carl Jung komentuje tieto verše „Tao Te Ching“ vo svojej eseji o synchronicite. V citáte Jung odkazuje na učenca Richarda Wilhelma. Wilhelm prekladá Tao ako „zmysel vecí“.
Tao teda predstavuje význam skutočností vesmíru.
Podobne udalosti „synchronicity“ nadobúdajú význam iba vtedy, keď osoba, ktorá túto udalosť zažíva, pripisuje význam sérii nesúvisiacich faktov.
„Význam“ opísaný Jungom nemá žiadnu fyzickú podstatu. Je to výlučne intuícia psychiky.
„Tao te ťing“ obsahuje aj tieto verše:

"The Tao (meaning) causes things
In a misty, indistinct manner.
So indistinct, so foggy
Images are in him,
so foggy, so indistinct
things are in him ...
....
You look for it with your eyes and you don't see it,
this means, expressed with a name: what is aerial.
He strains his ear and does not hear it,
this means, expressed by a name: the subtle
He holds out his hand and does not grasp it,
this means, with a name: the incorporeal.
...
It means form without form,
the image without a thing.
It means the nebulous-vanished,
you go towards him and you can't see his face,
if you follow it you can't see its back."

Tao (význam) generuje udalosti.

Rodí ich zahmleným a nevýrazným spôsobom.
Aké nevýrazné sú, aké hmlisté sú mentálne obrazy videné cez Tao!
Aké nevýrazné sú, aké hmlisté sú hmotné veci videné cez Tao!
....
Hľadáte Tao očami a nevidíte ich.
Jeho názov je „éterický".
Namáhate si ucho, aby ste počuli Tao, a nepočujete ho.
Jeho názov je „tenký".
Hľadáš Tao rukou a nechytíš ho,
Jeho meno je „zbavené hmotného tela".
...
Tao znamená „forma bez formy".
Tao znamená „vec bez hmoty".
Tao znamená „zahmlený".
Ak idete do Tao, nevidíte jeho tvár.
Ak ho sledujete, nevidíte mu chrbát.

Pre hinduizmus a budhizmus je „duša sveta" „„„ Ātman ". Toto je princíp „Ja, niečo individuálne a vnútorné. Tento osobný a intyeruiorový princíp je nerozlučne spojený s Brahmanom, univerzálnym a vonkajším princípom.

V „baptistickom kostole vo West Side“ sa stane zázrak,

V chladný večer v stredu 1. marca 1950 sa ako obvykle chystali stretnúť členovia speváckeho zboru baptistickej cirkvi vo West Side, ktorá sa nachádza na 488 West Court v meste Beatrice v Nebraske.

O 19.30 sa mali začať skúšky zborového spevu. Spravidla žiaden z pätnástich spevákov neprišiel neskoro, z úcty k ostatným. Za záväzok navyše boli zodpovední tí, ktorí boli povolaní k službe na slávu Božiu.

Tri minúty pred začiatkom, presne o 19.27 h, keď bol zbormajster zvyčajne pripravený na pódiu s obuškom v ruke, kostol explodoval. Kusy stien a strechy, nábytok, stoličky a všetky ostatné časti miestnosti boli povrhnuté všade naokolo na desiatky metrov. Príčinou, ktorú neskôr zistili hasiči, bol výbuch plynu.

Neuveriteľnou náhodou sa podarilo zachrániť všetkých pätnásť spevákov, pretože v ten večer neprišiel nikto včas. Najmä farár reverend Walter Kiempel, jeho manželka a dcéra Marilyn Ruth si na poslednú chvíľu uvedomili, že šaty ich dcéry majú škvrnu, a stratili čas, pretože ostatné šaty bolo treba žehliť.

Bylina Kipf, úradníčka, musela vyplniť urgentný list vedeniu svojej spoločnosti a potom si ho šla vložiť do poštovej schránky a poslať na druhý deň ráno. Následne s ním dorazila aj jeho teta, Esther Stuermer.

Dorothy Wood, mladá študentka, bola zaneprázdnená starostlivosťou o svojho chorého otca, a preto mala problémy, ktoré spôsobili zdržanie. Keďže nebývala

BEATRICE DAILY SUN

on Still
s Gloomy
r Picture

Gas Is Blamed For Church Explosion

Find 2 Leaks In Main Not Very Distant

Gas May Have Followed Pipe Through Frozen Ground

Legal Snarls Signing Of C

Contract May Not Be
Lewis Meets With

Happy Miners Toast Lewis: Rarin' To Go

Coal Diggers Elated Over Chance To Get Back To Work

Obrázok 4. Predná strana denníka Beatrice Daily Sun so správami o výbuchu.

Obrázok 5. Budova baptistického kostola vo West Side po výbuchu 1. marca 1950.

ďaleko od kostola, cestovala vždy pešo so susedkou Lucille Jonesovou, ktorá ju síce nevidela prichádzať, ale čakala na ňu.

Pani Paul, riaditeľka zboru, musela synovi pomáhať s úlohou. Výsledkom bolo, že ona aj jej dcéra Marilyn prišli neskoro. Harvey Ahl sa tiež neskoro staral o deti. Ladona Vandergrift, Royena Estes a Sadle Esh, ktoré cestovali rovnakým autom, mali mechanické problémy.

Joyce Blacková sa spočiatku rozhodla, že v ten večer nevyjde von, kvôli chladu, ale potom vyšla von. Kvôli nerozhodnosti však dorazil neskoro.

Nakoniec Leonard Schuster pomohol svojej matke pripraviť sa na misijné stretnutie a neuvedomil si, že mešká.

Vďaka sérii okolností žiaden z 15 členov zboru neutrpel výbuchom škodu. Dá sa náhoda použiť na vysvetlenie tejto neuveriteľnej reťaze náhod? V skutočnosti sa všetky tieto „neobvyklé oneskorenia" nejavia ako normálne.

Podľa Carla Gustava Junga, keď sa náhody tak často opakujú, môžu mať zmysel pre tých, ktorí v tejto situácii žijú. Séria podivných skutočností sa podľa Junga môže stať „významnou".

Štúdium takzvaných „významných" náhod umožnilo Jungovi rozvinúť „teóriu synchronicity".

Pojem „Carl Jungova synchronicita" označuje súvislosť medzi dvoma alebo viacerými udalosťami, ktoré sa vyskytnú bez akejkoľvek spoločnej príčiny. Udalosti sa musia vyskytnúť nezávisle. Žiadna z udalostí nesmie byť dôsledkom inej udalosti. Žiadna udalosť nesmie mať vplyv na inú udalosť v sérii. Ďalej sa udalosti, ktoré tvoria „jungiánsku synchronicitu", musia uskutočniť v akomkoľvek časovom období. Musia byť však navzájom primerane prepojení, aj keď sú časovo vzdialení.

V skutočnosti neexistuje príčinná súvislosť medzi meškaním zboristov a výbuchom kostola: výbuch nemôže byť príčinou meškaní. V skutočnosti sa to stalo neskôr. Podobne ani oneskorenia nie sú príčinou výbuchu.

Je dôležité mať na pamäti, že súčet všetkých oneskorení sa stal dôvodom spásy pre pätnásť ľudí. Vďaka tomu môžeme veriť, že táto udalosť má zvláštne vlastnosti.

V našej fyzickej realite nemohol nikto vedieť, že kostol vybuchne. Ale možno, v inej úrovni reality, sa o tom vedelo. Na tejto úrovni čas a priestor neexistujú, všetko je už známe.

Na úrovni bez minulosti a budúcnosti je vedomie nebezpečenstva a výskyt rovnakého nebezpečenstva prítomné súčasne a večne..

Keby ľudské vedomie mohlo cestovať na túto úroveň, bolo by vopred známe akékoľvek nebezpečenstvo. Preto sa dalo zabrániť akémukoľvek nebezpečenstvu. Túto cestu, žiaľ, nemôžeme uskutočniť. Niekedy však informácie prevezmú vedenie a prídu nás hľadať. Informácie prichádzajú záhadne. Zrazu „vieme". V týchto prípadoch môžeme poznať veci, ktoré pochádzajú z neznámej múdrosti.

Tretia časť. Synchronicita Carla Junga.

"Life is a game in reverse. The truth is that all our situations or circumstances have their beginning in our mind. Our idea of who we are create what we become. The great news is that you can change your ideas and change your life. " (Carl Gustav Jung)

„Život je hra, ktorá funguje spätne. Pravda je, že všetky situácie alebo okolnosti, do ktorých sme zapojení, majú v mysli svoj začiatok. Naša predstava o tom, kto sme, vytvára to, čím sa stávame. Skvelou správou je, že môžete zmeniť vieru o seba, takže môžete zmeniť svoj život. "
(Carl Gustav Jung)

Carl Gustav Jung. Synchronicita a kolektívne podvedomie.

Metódou na definovanie „duše sveta“ vedeckejším spôsobom je jej identifikácia s teóriou nazývanou „kolektívne podvedomie“. Túto teóriu vyvinul Carl Jung, slávny psychoanalytik, psychiater a antropológ, ktorý sa narodil vo švajčiarskom Kesswile 26. júla 1875.

Kolektívne nevedomie predstavuje nádobu „nápadov“, archetypov. Je to ako vyššie vedomie, s ktorým sú spojené všetky jednotlivé vedomia, aby bolo možné zdieľať jeho obsah. (Pozri obr. 6)

Archetypy obsiahnuté v kolektívnom nevedomí sú formy a symboly, ktoré sa prejavujú u všetkých národov všetkých kultúr. Všetci z toho môžeme čerpať bez toho, aby sme to priamo zažili.

Jung buduje teóriu kolektívneho podvedomia vychádzajúc zo skúmania zvláštnych náhod, ktoré pôsobia na všetkých ľudí.

Keď sa tieto náhody prejavia tak významným spôsobom, že ich nemožno považovať za púhe ovocie náhody, stávajú sa synchronicitami. Synchronicity pochádzajú z kolektívneho podvedomia.

Významné náhody už nemožno považovať za výsledok náhody, na vysvetlenie je však potrebná vyššia úroveň vedomia.

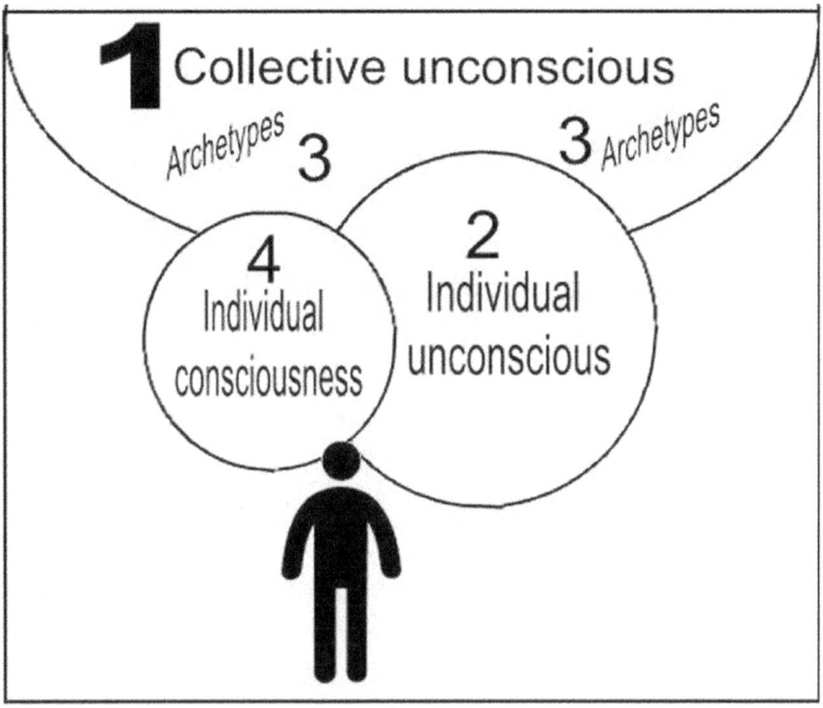

Obrázok 6. Podľa Junga možno ľudskú psychiku rozdeliť do troch vrstiev: vedomie, nevedomie jednotlivca a kolektívne nevedomie.

1 Kolektívne podvedomie. celého ľudstva.
2 Podvedomie každého jednotlivca.
3 Archetypy prítomné v kolektívnom podvedomí.
4 Osobné svedomie.

Podľa teórie vyvinutej Jungom možno ľudskú psychiku rozdeliť do troch rôznych vrstiev: vedomá, individuálne podvedomie a kolektívne podvedomie. Úroveň vedomia obsahuje všetky pojmy, ktoré si človek plne uvedomuje. Každý jednotlivec má časť v bezvedomí. Je to ten rozmer psychiky, ktorého si jedinec nie je priamo vedomý. Obsahuje pudy, myšlienky, emócie, modely správania na základe svojich činov.

Namiesto toho obsahuje kolektívne podvedomie všetky vedomosti o ľudstve vo forme archetypov.

Synchronicita je udalosť, prostredníctvom ktorej prúdia archetypy z kolektívneho nevedomia do nášho individuálneho vedomia s významnými účinkami na našu realitu.

V oboch prípadoch opísaných na predchádzajúcich stranách, masakre na Baruhill Street, ktorá sa týkala Lisy Gannanovej, a výbuchu baptistickej cirkvi na Západe, ktorá sa týkala pätnástich členov zboru, môžeme identifikovať synchronizovanú udalosť.

Tenká niť spojená s ich životmi mohla určiť spásu mladej Lisy. Rovnaká niť a vlastne určila bezpečnosť spevákov. Musíme si položiť otázku: aká sila, aké tajomstvo, čo je na druhom konci štíhlej nite?

Skutočne nám obsah týchto prípadov umožňuje identifikovať ich ako synchronizované epizódy? Pokúsme sa podrobne preskúmať tieto dve udalosti, aby sme zistili, ako sa transformujú z jednoduchých náhodných náhod na synchronicitu.

Synchronicita na podujatí Baruhill Street.

Niekoľko dní pred masakrom napísala Lisa Gannan niekoľko znepokojujúcich veršov, ktoré kontrastovali s jej veselým a slnečným temperamentom.

Učiteľka na strednej škole číta verše a pýta sa Lisy, prečo je taká smutná. Lisa odpovedá, že nevie, verše k nej prišli spontánne.

Epizódu možno považovať za triviálnu náhodu. (Pozri obr. 7)

O nejaký čas neskôr dôjde k masakru, pri ktorom Lisa príde o život. Medzi masakrom a písaním smutných riadkov nie je nijaké prepojenie. Masaker je iba spravodajským príbehom, ktorý sa rovná všetkým, ktoré sa dejú každý deň na svete. (Pozri obr. 8)

Ak vezmeme do úvahy každú z týchto dvoch skutočností jednotlivo, môžeme vidieť, že navzájom nesúvisia. Ani jedna udalosť nebola príčinou toho druhého.

Pokúsme sa však tieto dve epizódy zvážiť spoločne.

Skúsme pripísať týmto dvom skutočnostiam „význam“, ktorý ich spája.

Ak sú tieto dve epizódy spojené „zmyslom“, už nie sú triviálne, ale stávajú sa významnými. (Pozri obrázok 9)

Prepojené fakty, ako na obrázku, predstavujú synchronicitu. Na obrázku 10 vidíme, ako sa vytvára synchronicita.

Máme však pochybnosti. Lisa bola varovaná pred hroziacim nebezpečenstvom. Môžeme si položiť otázku, prečo neboli varované ďalšie obete.

 7	Lisa Gannan writes unusually sad verses that evoke death	It is a trivial causality, due to a moment of "black humor"

 8	Malcom Baker enters the house of Thomas Gannan and kills six people	A case of Black chronicle how so many happen

 9	Lisa Gannan writes unusually sad verses that evoke death	According to what will happen shortly, we consider the fact as a premonition
	Malcom Baker enters the house of Thomas Gannan and kills six people	This event confirms Lisa Gannan's premonition

Obrázok 7 Lisa Gannan píše neobvykle smutné riadky o smrti. Môže to byť spôsobené chvíľou negatívnej nálady.

Lisa písala verše, ako to zvykla robiť. To by sa nemalo zdať neobvyklé. Jedinou zvláštnosťou je, že používa obzvlášť pesimistické slová a pojmy.

Obrázok 8. Malcolm Baker vchádza do domu Thomasa Gannana a zabije šesť ľudí.

Toto je bežný prípad kriminálnych správ. Stáva sa veľa podobných prípadov. Masaker, ktorý spôsobil Malcom Baker, počas ktorého zabije aj vlastného syna, je súčasťou kriminálneho príbehu.

Obrázok 9 Vo svetle toho, čo sa čoskoro stane, považujeme túto skutočnosť za víziu budúcnosti. Malcolm Baker vojde do domu Thomasa Gannana a zabije šesť ľudí.

Toto je bežný prípad kriminálnych správ. Stáva sa veľa podobných prípadov. Masaker, ktorý spôsobil Malcom Baker, je súčasťou správy o trestnom čine.

Masaker však potvrdzuje negatívny názor Lisy Gannanovej. Ak vezmeme do úvahy tieto dva fakty, stane sa báseň napísaná Lisou predpoveďou budúcnosti. Masaker predstavuje potvrdenie Lisinej predpovede.

V skutočnosti vieme, že Lisa napísala tragickú báseň iba vďaka svedectvu učiteľa, ktorý túto báseň prečítal. Inak by sme o tejto okolnosti nikdy nevedeli. Samotná Lisa neprikladala svojej poézii žiadny význam.

Žiaľ, stopa, ktorú Lisa dostala, bola prchavá a mohla sa rozpustiť v jej pamäti.

Ak je to tak, môžeme si predstaviť, že varovania mohli dostať aj ďalšie obete masakry. Tieto varovania však neboli zohľadnené.

Poďme preskúmať obrázok 10. Predstavuje hypotézu, ktorá sa odvoláva na teóriu vypracovanú Carlom Jungom. Je zrejmé, že ide o zjednodušenú rekonštrukciu. Táto rekonštrukcia je zameraná na pochopenie zapojenia rôznych vrstiev vedomia.

Bod 1. Osobné podvedomie Malcolma Bakera „napučiava“ vražedným úmyslom. Možno to Malcolm vo svojej vedomej časti ešte nevníma. V podvedomí, ktoré je sídlom prvotných inštinktov a emócií, sa však posilňuje vôľa zabíjať. Vytvára sa tak „pole napätia“, ktoré poškodzuje harmóniu jeho psychiky.

Bod 2. Napätie stúpa do kolektívneho podvedomia a vzrušuje

„prvotný psychický koncept alebo„ archetyp “vraždy.

Bod 3. Vzrušenie vytvára „pole utrpenia“ medzi archetypom vraždy a archetypom „strachu zo smrti“. Posledné menované vytvára „energetické pole“. Z „energetického poľa“ pochádza informácia, ktorá komunikuje alarm s Lisiným osobným podvedomím.

Bod 4. Lisino osobné podvedomie spracúva informácie pomocou nástrojov, ktoré vlastní. Cieľom je dosiahnuť, aby boli informácie čo najviac zrozumiteľné Lisinmu vedomiu. Jedným z nástrojov, ktoré sa nachádzajú v Lisinom podvedomí, je sklon k písaniu básnických veršov. Informácie získané z kolektívneho podvedomia sa spracúvajú pomocou tohto nástroja.

Bod 5. Informácie pochádzajúce z kolektívneho podvedomia sú mladej Lise výslovne poskytované do svedomia prostredníctvom písania veršov. Bohužiaľ však Lisa nepochopí tragický význam toho, čo napísala. Poznamenáva iba, že riadky „sa zrodili v jeho mysli“.

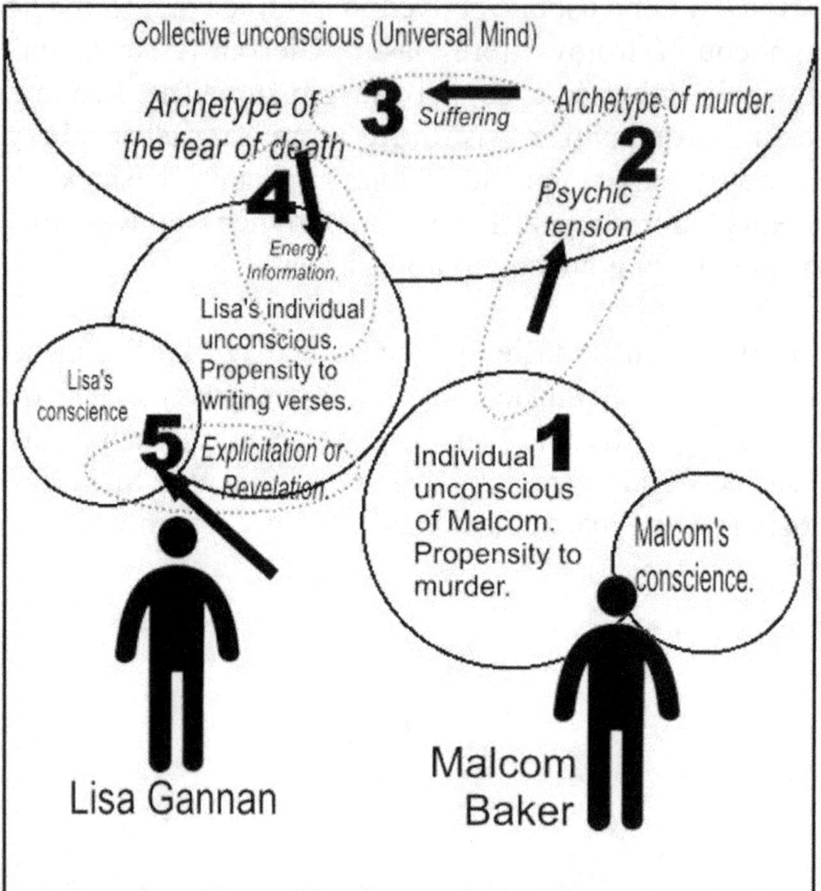

Hypothesis on the formation of synchronicity in the case of Lisa Gannan.

Obrázok 10. Hypotéza o vzniku „synchronicity“ v prípade Lisy Gannanovej.

1 Svedomie Malcolma Bakera. Osobné podvedomie Malcolma Bakera. Sklon k vražde.

2 Napätie vzniká v „prvotnom psychickom koncepte alebo„ archetype “vraždy.

3 „Utrpenie“ sa rodí v archetype „strachu zo smrti“.

4 Osobné podvedomie Lisy Gannanovej. Sklon k poézii.

5 Lisa Gannan vyjadruje prostredníctvom tragickej básne informácie, ktoré sa dostali z kolektívneho podvedomia do jej individuálneho podvedomia.

„Psychické silové polia" a modifikovaná realita.

Je dôležité poznamenať, že výraz „pole" sme už niekoľkokrát použili na označenie „poľa napätia", „poľa utrpenia" a „informačného poľa". K pojmu „pole" sa podrobne vrátime v ďalších kapitolách.

Ďalšou dôležitou vecou je to, čo môžeme nazvať „transformujúca akcia". Toto je zmena, ktorú udalosť synchronicity priniesla do Lisinej nálady. Dievča so slnečnou a radostnou dispozíciou písalo hlboko smutné verše. Epizódy synchronicity môžu generovať „transformáciu", pretože „silové pole" prichádzajúce z kolektívneho podvedomia obsahuje informácie aj energiu.

Synchronicita v prípade zborových spevákov, ktorých zachránil výbuch kostola.

V prípade výbuchu baptistickej cirkvi na Západe vyvolala synchronicita oveľa zreteľnejšiu transformáciu. V skutočnosti v tomto prípade synchronicita „fyzicky" transformovala realitu. V skutočnosti došlo k nepredvídaným udalostiam, ktoré spôsobili oneskorenie príchodu pätnástich spevákov. .

Aj v tomto prípade, ak postupne preskúmame dôvody oneskorení, zistíme, že ide o nepodstatné prípady. Všetky sú podobné tým, ktoré by sa mohli stať každému. Obrázok 12 zobrazuje niektoré z nich.

Tieto oneskorenia nemajú nič spoločné s výbuchom, ku ktorému dôjde až neskôr. Na obrázku 11 je explózia kostola sama o sebe, bez príčinných súvislostí s oneskoreniami hudobníkov.

	At 7.30 pm the singing tests must begin. At 7.27 the church explodes.	It is a trivial accident due to a gas leak.

Obrázok 11. Začiatok skúšok speváckeho zboru je naplánovaný na 19.30 h. Avšak o 19.27 h kostol exploduje. Toto je nepodstatná nehoda v dôsledku úniku plynu. Výbuch teda nie je ničím iným ako zjavným následkom technickej nehody.

1	Pastor Walter Kiempel, his wife and daughter are delayed to iron a dress.	It's a simple delay as it can happen at all.
2	Harvey Ahl delays because he has to look after his two children.	It's a simple delay as it can happen at all.
3	Ladona Vandergrift, Royena Estes and Sadle Esh are delayed due to car problems.	It's a simple delay as it can happen at all.
4	Joyce Black delays because is afraid of Cold	It's a simple delay as it can happen at all.
5	All the other Choristas...... delay for trivial randomness	

Obrázok 12. Obrázok ilustruje niektoré oneskorenia hudobníkov. Každé oneskorenie, ktoré sa posudzuje individuálne, možno považovať za triviálnu náhodu.

1 Farár Walter Kempel prichádza neskoro, pretože jeho žena si chce žehliť šaty.

2 Harvey Ahl prichádza neskoro, pretože musí strážiť svoje dve deti.

3 Ladona Vandergrift a jej priatelia prichádzajú neskoro, pretože ich auto má mechanické problémy.

4 Joyce Black prichádza neskoro kvôli studenej vonkajšej teplote.

5 Všetci hudobníci meškajú z triviálnych dôvodov.

	Pastor Walter Kiempel, wife and daughter slow down.	Since all delay it is a SIGNIFICANT COINCIDENCE
	Harvey Ahl delays.	Since all delay it is a SIGNIFICANT COINCIDENCE
	Ladona Vandergrift, Royena Estes and Sadle Esh delay.	Since all delay it is a SIGNIFICANT COINCIDENCE
	Joyce Black delays.	Since all delay it is a SIGNIFICANT COINCIDENCE
	Herb Kipf and Aunt Ester delay.	Since all delay it is a SIGNIFICANT COINCIDENCE
	Dorothy Wood and Lucille Jones delay.	Since all delay it is a SIGNIFICANT COINCIDENCE
	Leonard Schuster delays.	Since all delay it is a SIGNIFICANT COINCIDENCE
	Mrs. Paul and her daughter Marylin are delaying.	Since all delay it is a SIGNIFICANT COINCIDENCE
	At 7.30 pm singing rehearsals must begin. At 7.27 pm a church explodes.	All these coincidences indicate that a synchronicity has occurred.

Obrázok 13 Skúšky spevu sa zvolávajú o 19.30 hod. O 19.27 kostol explodoval.

Všetci hudobníci prichádzajú neskoro. Meškanie VŠETKÝCH pätnástich ľudí je absolútne mimoriadna udalosť. Sada oneskorení sa tak stáva „významnou náhodou“.

Dôležitosť zhody vyplýva zo skutočnosti, že všetky oneskorenia nastali úplne neobvyklým spôsobom. Pretože súčet oneskorení nastal krátko pred výbuchom a určoval bezpečnosť pätnástich hudobníkov, usudzujeme, že ide o „synchronicitu Carla Junga“.

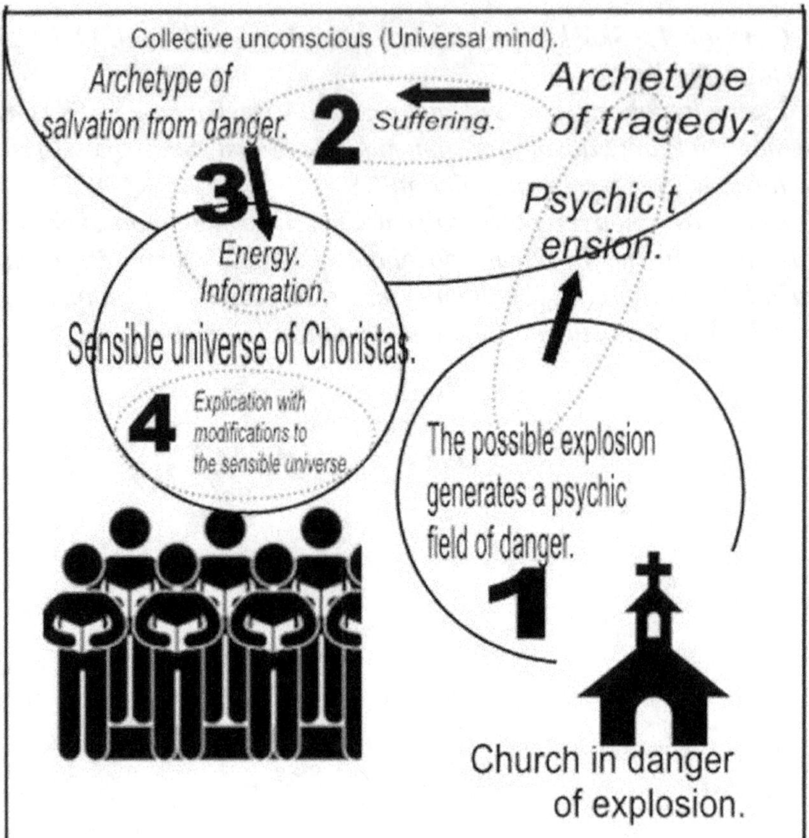

Hypothesis on the formation of synchronicity in the case of the fifteen choristers.

Obrázok 14. Zjednodušená hypotéza o vzniku synchronicity v prípade výbuchu baptistickej cirkvi na Západnej strane.

1 Cirkev exploduje. Možný výbuch generuje „psychické pole nebezpečenstva“.

2 V kolektívnom podvedomí vzniká „utrpenie“.

3 „Utrpenie“ narodené v kolektívnom podvedomí generuje tok energie a informácií smerujúcich do osobného podvedomia hudobníkov. . 4 Energia a informácie prúdia z kolektívneho podvedomia a vytvárajú „fyzickú transformáciu“ v citlivom vesmíre zboristov. Všetko sa zhmotňuje pri vytváraní zjavne triviálnych oneskorení.

Ak však vezmeme do úvahy, že všetkých pätnásť zboristov zaznamenalo oneskorenie (čo je absolútne nezvyčajné, pretože boli zvyčajne v pravý čas), uvedomíme si, že to už nie je jednoduchý prípad. Zhoda pätnástich oneskorení nastala v okamihu, keď sa cirkev chystá explodovať, stáva sa významnou a nepochybne nám umožňuje nahliadnuť do udalosti synchronicity. (Pozri obr. 13)

Aj v tomto prípade môžeme na obrázku 14 (úplne ilustračným spôsobom) rekonštruovať pasáže, ktoré vysvetľujú vznik udalosti synchronicity.

Bod 1. Kostol sa chystá explodovať. To vytvára „pole napätia“, ktoré zahŕňa „archetyp tragédie“ v kolektívnom podvedomí.

V našej fyzickej realite ešte k výbuchu nedošlo, ale už je prítomný v nefyzickej realite kolektívneho podvedomia. V skutočnosti v tejto realite psychického typu neexistujú žiadne obmedzenia týkajúce sa času a priestoru.

Bod 2. V kolektívnom podvedomí vytvára „archetyp tragédie“ „pole utrpenia“.

Bod 3. V kolektívnom podvedomí existuje „silové pole“, ktoré prúdi do fyzického vesmíru pätnástich zboristov. Toto „silové pole“ obsahuje nielen informácie, ale aj energiu. Všetky „psychické silové polia“ skutočne obsahujú energiu a informácie.

Bod 4. „Psychické silové pole“ sa prejavuje vo fyzickom vesmíre zboristov, čo vytvára určité premeny ich skutočnej situácie. Pole vyvoláva v každej osobnej situácii „nehodu“, ktorá spôsobuje meškanie a upravuje udalosti večera.

Nie je nič neobvyklé pozorovať tieto premeny vnímaného citlivého vesmíru. Jung ich definuje ako „numinózne.“ Pojem „numinózny“ používa Jung vo význame „posvätný, ale nie náboženský.“ Tento termín môže znamenať „obklopený aurou posvätnosti“, napríklad na vyvolanie „strachu a úcty“.
Môžeme si spomenúť na niekoľko príkladov, ktoré vo svojich dielach uviedol Carl Jung. Medzi tieto príklady patrí fyzická premena reality, ku ktorej dochádza v priebehu epizód synchronicity.

Keď sa realita fyzicky zmení..

Epizóda s názvom „skarabeus“ je určite klasikou série, ktorú vo svojich spisoch citoval Carl Jung. . Vo svojej eseji „Synchronicita ako princíp príležitostných spojení“, publikovanej v roku 1952, Jung popisuje udalosť takto:

> "A young woman I was treating had, at a critical moment, a dream in which she was given a golden scarab. While she was telling me this dream, I sat with my back to the closed window. Suddenly I heard a noise behind me, like a gentle tapping. I turned round and saw a flying insect knocking against the window-pane from the outside. I opened the window and caught the creature in the air as it flew in. It was

the nearest analogy to a golden scarab one finds in our latitudes, a scarabaeid beetle, the common rose-chafer (Cetonia aurata), which, contrary to its usual habits had evidently felt the urge to get into a dark room at this particular moment. I must admit that nothing like it ever happened to me before or since."

"Mladá pacientka mala v rozhodujúcom okamihu liečby sen." Vo sne dostala žena ako darček zlatého skarabea. Zatiaľ čo mi žena povedala tento sen, ja som sedel chrbtom k zatvorenému oknu.
Zrazu som za sebou začul hluk, akoby niečo jemne klepalo na okno. Otočil som sa a uvidel som okrídlený hmyz, ktorý zvonka narazil do okna.
Otvoril som okno a chytil hmyz. Bolo to veľmi podobné „zlatému chrobákovi“ alebo „Cetonia aurata“, bežnému chrobákovi, ktorý žije na ružových rastlinách.
Je zrejmé, že v tom okamihu sa hmyz pokúsil, na rozdiel od svojich zvykov, vstúpiť do tmavej miestnosti. Musím dodať, že taký prípad sa mi nikdy predtým nestal, nestal sa mi ani potom. Z mojej skúsenosti sa neopakuje ani sen tej ženy.
“

Vo zvyšku svojej eseje Jung vysvetľuje udalosť z psychoterapeutického hľadiska a popisuje, ako sa epizóda osvedčila pri zotavení pacienta. V skutočnosti je skarabeus klasickým symbolom znovuzrodenia.

Pri inej príležitosti listom napísaným v roku 1945 adresovaným prof. J.B. Rýn z Durhamu v USA, Carl Jung popisuje podobnú epizódu:

"I'm going to walk in the woods with a patient. She tells me the first dream of her life, a dream that left an indelible impression on her. He had a vision of a fox. He had dreamed of the animal as he walked down the stairs of her parents' house.
At that moment, not even forty meters from us, a fox comes out of the trees and runs for a couple of minutes on the path ahead of us. The animal behaves as if it shared our human condition ... "

"Idem na prechádzku do lesa a sprevádzam ženu, ktorá bola mojou pacientkou. Žena mi hovorí o prvom sne svojho života, pretože tento sen vo nej zanechal nezmazateľný dojem. Vo sne žena videla líšku, ktorá schádzala zo schodov rodičovského domu.
V tom okamihu, asi štyridsať metrov pred nami, vychádza zo stromov líška a na pár minút potichu uteká na cestu pred nami. Zviera sa správa, akoby zdieľalo náš ľudský stav..."

Musíme si položiť niekoľko otázok:
- Bola „Cetonia aurata“ práve tam, pripravená naraziť do okennej tabule, keď žena hovorila o skarabeovi videnom vo sne?

- Bola líška práve tam, pripravená vystúpiť pred Jungom a jeho pacientom, zatiaľ čo žena povedala svoj sen?

V obidvoch prípadoch príbeh sna vygeneroval „psychickú synchronicitu“, ktorá zmenila fyzickú realitu ženy a samotného Junga.

Jung a jeho liečení pacienti určite prežívali chvíle pátosu. Boli hlboko ponorení do rozprávania a kontext rozhovoru bol posilnený skutočným duševným utrpením pacientov.

Táto situácia, v prípadoch, ktoré rozpráva Jung, vytvorila „pole napätia“, ktoré môže viesť k synchronicite.

Pokiaľ ide o to, či bola líška a Cetonia skutočne prítomné na scéne v pravý čas, môžeme považovať veľmi odvážnu teóriu. Táto teória tvrdí, že v obidvoch prípadoch mala synchronicita moc presunúť scénu do iného vesmíru a vybrala si ju z nekonečných možných vesmírov. Iný vesmír, kde bola skutočne líška a Cetonia.

Synchronicita ako agent transformácie reality.

Podľa Junga synchronicita funguje prostredníctvom „prvotných psychických konceptov“ alebo „archetypov“ prítomných v kolektívnom podvedomí. Predtým som písal, že Jungovo kolektívne podvedomie je ďalším spôsobom definovania „vyššej psychickej reality“, ktorá sa odpradávna nazývala „dušou sveta“. Na týchto stránkach sme to nazvali aj „Universal Mind“.

Na podporu Jungovej teórie môžeme vidieť, ako všetky „esencie“ vzťahujúce sa na „Dušu sveta“ sú nositeľmi transformácie. Každý vzťah človeka s „Dušou sveta“, alebo ako to chcete nazvať, zahŕňa zmenu na psychickej úrovni a často aj na fyzickej úrovni.

Fyzická premena. Modlitba a uzdravenie.

Aby som predstavil príklad, ktorý je pochopiteľný pre všetkých, transformácie na fyzickej úrovni, môžem odkázať na modlitby adresované božstvám, aby dosiahli uzdravenie chorých. Alebo majú modlitby tendenciu získavať milosti iných typov, napríklad ekonomických alebo sentimentálnych. Táto prax často prináša prekvapivé výsledky.

Každé fyzické uzdravenie možno považovať za synchronicitu, ktorá vyplýva z dvoch navzájom nesúvislých faktov v čase a priestore. Dvomi faktami sú modlitba niekoho, kto sa nachádza kdekoľvek vo vesmíre, a liečenie niekoho iného, kto sa často nachádza na inom mieste na svete. Je zrejmé, že každé fyzické uzdravenie zahŕňa zlepšenie, často dôležité, zdravia.

Podľa teórie kolektívneho podvedomia môžeme synchronicitu považovať za „most" medzi túžbami vyjadrenými individuálnym svedomím a vyššou úrovňou „Duše sveta", z ktorej potom zostupujú „milosti".

Je zrejmé, že pre tých, ktorí stotožňujú Dušu sveta s „Bohom", zostupujú milosti od Boha. Teológia nás však učí, že Boh pri svojich zásahoch vždy uprednostňuje použitie prírodných prostriedkov. Ide o využitie možností, ktoré už existujú pri stvorení, bez toho, aby sa uchýlili k nadprirodzeným prostriedkom.

V tejto súvislosti si prečítame pasáž z kázne pastora Marca deFelice nazvanú „Boh robí nemožné veci", ktorá sa odvoláva na „Skutky apoštolov". Farár komentuje Petrovo prepustenie z väzenia, kde bol uväznený na príkaz Herodesa:

> "Suddenly an angel of the Lord appeared and a light shone in the cell. He struck Peter on the side and woke him up. "Quick, get up!" he said, and the chains fell off Peter's wrists" (Acts, 12:7).
> One thing that strikes me about this passage is that the angel tells Peter to hurry. Although God is omnipotent, and can do anything, Peter had to hurry. Certainly, God could have made the guards fall asleep, or even die, giving Peter time to go out calmly. But usually God does not miraculously do what can be done with the natural means that God has already provided".

„A hľa, prišiel Pánov anjel a v cele svietilo svetlo. Anjel sa dotkol Petrovho boku, zobudil ho a povedal mu:„ Rýchlo vstaň! ". A Petrovi spadli reťaze z rúk." (Skutky 12,7).

Na tomto kúsku ma zaráža jedna vec. Anjel hovorí Petrovi, aby sa ponáhľal. Boh je všemohúci a môže všetko, ale Peter sa musí poponáhľať.
Boh určite mohol väzenských strážcov uspať, aby Peter mohol pokojne ísť von. Ale zvyčajne Boh nerobí zázraky, keď sa dá niečo urobiť prírodnými prostriedkami, ktoré Boh už poskytol. "

Keď sa človek obráti k viere a žiada o uzdravenie, každý služobník viery radí, aby sa najskôr poradila s dobrým lekárom.
Je zrejmé, že fyzické uzdravenia nie sú jedinými transformáciami fyzickej reality vyvolanými udalosťou synchronicity. Ako je opísané v mnohých predchádzajúcich prípadoch, neexistujú žiadne obmedzenia týkajúce sa modifikácií citlivého vesmíru, ktoré umožňuje synchronicita. Medzi ne určite môžeme zaradiť všetky fenomény telekinézy, teda mentálne riadenie tuhej hmoty.

„Túžba" a „zámer"..

Synchronicita preto často predstavuje pomoc pre pozitívne riešenie ľudských potrieb. Napríklad synchronicita môže naplniť túžbu chorého človeka po uzdravení.
Presnejším slovom na vyjadrenie pojmu „túžba" je „úmysel". „Zámer" je koncept, ktorý používa Jung. V

poslednej dobe Deepak Chopra používa tento koncept vo svojich knihách.

Podľa Chopra je každá činnosť vo vesmíre generovaná zámerom. Podľa védskej tradície je zámer „prírodnou silou“, pretože udržuje v rovnováhe všetky prvky a sily, ktoré umožňujú vývoj vesmíru.

V štrnástich „upanisádach“ véd, indických náboženských a filozofických textov, ktoré boli zostavené v sanskrte od 9. do 8. storočia pred naším letopočtom, sa píše:

"You are what your deep, driving desire is.
As your desire is,
so is your will.
As your will is,
so is your deed.
As your deed is,
so is your destiny".
(Brhadaranyaka Upanisad, IV, 4,5)

"Si tvojou najhlbšou túžbou."
Aká je vaša túžba, taký je aj váš zámer.
Aký je váš zámer, taká je aj vaša vôľa.
Aká je vaša vôľa, také sú aj vaše činy.
Aké sú vaše činy, taký je aj váš osud ".
(Brhadaranyaka Upanisad, IV, 4,5)

Prečo sa to nestane vždy?

Mnohí sa pokúsili v laboratóriu skúmať pomocou „vedeckých metód" fenomén „psychickej synchronicity", ale tento jav sa vždy ukazuje ako nepolapiteľný.

Laboratórne potvrdenie predpovedá, že za určitých podmienok sa jav vyskytuje obvykle, to znamená, že ho možno opakovane reprodukovať s mierou úspešnosti nad predvídateľným štatistickým priemerom.

Obrázok 15. Štatistické vyhodnotenie výsledkov je možné získať otočením mince. Mnohokrát otočením mince by sa každá z dvoch strán mince mala objaviť v 50% prípadov. 11
12
13

Navrhujem príklad. Ak hodím mincou, výsledkom môžu byť „hlavy alebo chvosty". Hodím teda do vzduchu mincu a pokúsim sa uhádnuť výsledok. Na zostavenie štatistiky samozrejme nestačí jeden zvitok.

Ak mincu vyhodím do vzduchu mnohokrát, povedzme 10 000-krát, štatistika mi povie, koľkokrát môžem uhádnuť výsledok. Podľa štatistík hádam 50% času, to je 5 000-krát.

Ak na druhej strane viem predpovedať výsledok presne 6 000-krát, predpokladám, že môžem mať nejaké psychické schopnosti. Z nevysvetliteľných dôvodov poznám výsledky vopred. Poznám ich vo väčšej miere ako je štatistický priemer.

Ak vidím výsledky vyhadzovania mincí 9 000-krát z 10 000-krát, som si celkom istý, že mám špeciálne právomoci.

Povedzme, že predpovedám výsledok 10 000 krát z 10 000. V takom prípade si každý bude istý, že mám moc predpovedať budúcnosť.

Samozrejme, ortodoxní vedci povedia, že má to háčik, pretože takto nie je možné predpovedať budúcnosť.

Emočné zapojenie.

Hlavným dôvodom, prečo sa „synchronicita" nemusí vždy vyskytnúť, je nedostatok zásadného prvku.

Tento prvok sa nazýva „emócia". Je potrebné emočné zapojenie. Jung tvrdí, že je potrebný komponent nazývaný „náklonnosť".

Epizódy „synchronicity" sa prejavujú skôr v najkritickejších okamihoch nášho života. Naše svedomie zvyčajne udržuje našu psychickú situáciu pod kontrolou. Vedomá časť našej psychiky nechce, aby naše „individuálne podvedomie" prevzalo kontrolu nad našou vôľou.

Povedzme, že za normálnych okolností nechceme skákať potme. Preto naše vedomie obmedzuje alebo filtruje všetky impulzy z nášho „osobného podvedomia" a „kolektívneho podvedomia". Zvyčajne sú tieto impulzy symbolické alebo iracionálne a naše svedomie ich odmieta.

Niekedy však v živote nastanú ťažké chvíle. Pri týchto príležitostiach sme znepokojení, často sme šokovaní. Tieto ťažkosti oslabujú schopnosť ovládať svoje svedomie. Keď sa udalosti stanú príliš naliehavými, máme tendenciu sa odovzdať osudu. Jung poznamenáva, že v týchto prípadoch prevažuje „náklonnosť" nad „rozumom":

"Each emotional state causes a modification of the conscience, modification which Pierre Janet defined as "abaissement due nivea mentale": which means that a certain shrinking of the subconscious takes place and at the same time a strenghtening of the conscience, as many profanes in the subject can easily note, especially in the presence of intense beloved ones. The tone of the subconscious increases to a certain measure, which easily provokes a gradient from the subconscious to the conscience. As a consequence, the conscience falls under the influence of impulses and instictive contained contents".

"Každý emocionálny stav spôsobuje modifikáciu vedomia." Pierre Janet nazval túto úpravu „abaissement du niveau mental". To znamená, že dochádza k určitému zúženiu vedomia a zároveň k posilneniu nevedomia. Každý môže rozpoznať, že sa to stáva, najmä za prítomnosti intenzívnych „náklonnosť". V dôsledku toho sa svedomie stáva korisťou inštinktívnych podvedomých impulzov ".

Carl Jung cituje filozofa Alberta Veľkého, aby potvrdil túto tézu. V skutočnosti Albertus Veľký vo svojom diele „De mirabilibus mundi" tvrdí, že „virtus" existuje v ľudskej duši. Toto je vlastnosť zmeny vecí. Malo by sa pamätať na to, že Albert Veľký odkazuje na dielo „Naturalia" od filozofa Avicennu.

Virtus podmieňuje celú osobnosť, najmä keď prevláda nadbytok lásky alebo nenávisti.

"If, therefore, the soul of a man falls prey to a great excess of some passion, it can be established experimentally that it (the excess) magically constrains things and changes them in the direction towards which excess tends. [...] really the emotionality (affectio) of the human soul is the main root of all things.
This happens when, due to its emotional power, it modifies the things to which it tends. This also happens because the inferior things are subject to the soul, because of its dignity. So anyone can magically influence everything, if it falls prey to a great emotional excess. "

„Niekedy duša človeka prepadne veľkému prebytku vášne. Keď sa to stane, je možné experimentálne zistiť, že tento prebytok

„náklonnosti" pôsobí magicky na „veci". Udalosti tejto osoby sa menia v smere, ktorým má sklon prebytok. [...] Emocionalita, to znamená „náklonnosť" ľudskej duše je hlavným koreňom všetkých vecí. Kto chce poznať toto tajomstvo, musí vedieť niečo dôležité. Ktokoľvek môže takmer „magicky" ovplyvniť všetko, ak prepadne veľkému emocionálnemu prebytku..."

Synchronicity sa vyskytujú pri emocionálnom zapojení. Potvrdzuje to skutočnosť, že mimozmyslové javy, ako je telepatia, sú častejšie u ľudí, ktorých spája priateľstvo alebo príbuzenstvo. Maximum sa zaznamenáva vo vzťahoch medzi matkami a deťmi.

Teória slabého signálu.

Predtým sme sa čudovali, prečo Lisa Gannanová dostala predtuchu, a ostatné obete nie. Odpovedali sme, že ostatní pravdepodobne dostali signály, ale nerozpoznali ich.

V parapsychológii sa odkazuje na „teóriu slabého signálu". Pravdepodobne neexistuje harmónia medzi zdrojom signálu a našim „psychickým prijímacím aparátom".

Všetci vieme, že úpravou ladenia rádiového zariadenia môžeme prijímať neznáme vysielacie stanice. To isté sa deje v našom vedomí. Mohli by sme sa spojiť s mnohými

„informačnými stanicami", keby sme vedeli naladiť ich vlnovú dĺžku.

Štvrtá časť. Silové polia. Úroveň nelokality. Psychický vesmír.

"I know not what I may seem to the world, but as to myself, I seem to have been only like a boy playing on the sea-shore and diverting myself in now and then finding a smoother pebble or a prettier shell than ordinary, whilst the great ocean of truth lay all undiscovered before me".
(Isaac Newton, Principia)

"Pokiaľ ide o mňa, cítim sa ako dieťa, ktoré sa hrá na pláži." Z času na čas som našiel kameň alebo škrupinu krajšie ako obvykle. Bohužiaľ, zatiaľ čo sa to stane, veľký oceán pravdy zostáva predo mnou neznámy. " "
(Isaac Newton, Principia)

Hmota, „myseľ“ a duch.

Každý človek vie, že žije vo svete, ktorý ho obklopuje a nejakým spôsobom podmieňuje ich existenciu. Každý človek, predtým alebo potom, sa pýta, aký je dôvod jeho prítomnosti na tomto svete.

Hlavné otázky sú: Prečo existujem? Čo tu robím? Ako sa zúčastním na skvelej hre života, humornej alebo tragickej?

Nie je ľahké odpovedať na tieto otázky. Môžeme si zvoliť východiskový bod. Jedna metóda spočíva v konfigurácii troch úrovní, v ktorých sa vyvíja naša existencia. Okrem fyzickej úrovne, ktorú všetci poznáme, musíme vyhodnotiť aj kvantovú hladinu a takzvanú hladinu „nelokality“..

Fyzická úroveň existencie.

Fyzická úroveň je úroveň tuhej hmoty. Toto je typická úroveň našej každodennej skúsenosti, ktorou je svet, ako ho vidíme a ako ho prežívame našimi zmyslami.

Na fyzickej úrovni sa cítime bezpečne, pretože všetky „veci“ majú váhu a rozmer, začiatok a koniec, pred a po. Všetky veci majú presné umiestnenie v čase a priestore.

Všetky javy súvisiace s našimi skúsenosťami sú súčasťou fyzickej úrovne. Napríklad deň a noc, dobré a zlé počasie, narodenie a smrť každej „veci“, striedanie ročných období, fyzické vnemy ako hlad, smäd, bolesť a potešenie.

Fyzický svet je „mechanický“. Vo fyzickom svete všetko závisí od zákonov „determinizmu“. Všetko sa deje pre príčinu a má následok. Udalosti nasledujú jeden za druhým.

Generované udalosti majú predvídateľné a merateľné správanie. Na druhej strane produkujú ďalšie predvídateľné a merateľné udalosti.

V roku 1977 USA spustili dve sondy „Voyager“ na prieskum vonkajšej slnečnej sústavy. Kozmická loď „Voyager 2“ dokázala pozorovať Jupiter, Saturn, Urán a Neptún.

Sonda prešla okolo každej planéty a získala podnet z gravitácie tejto planéty, aby mohla pokračovať v ceste na ďalšiu planétu.

Bolo to preto, lebo na Zemi vedci presne vedeli, ako vypočítať gravitačnú silu rôznych planét.

Týmto spôsobom bolo možné presne vypočítať prítlačné sily potrebné na pokračovanie v ceste k ďalším cieľom.

V roku 1950 napísal matematik Alan Turing vo svojej knihe „Výpočtová technika a inteligencia“:

"The displacement of a single electron by a billionth of a centimeter at a given moment, it could mean the difference between two very different events, such as the killing of a man a year after, due to an avalanche, or its salvation".

"Predstavme si, že v určitom okamihu sa jediný elektrón pohne o miliardtinu centimetra." To môže znamenať rozdiel medzi dvoma veľmi

rozdielnymi udalosťami. Napríklad nasledujúci rok môže znamenať smrť muža v dôsledku laviny. Alebo to môže znamenať spásu toho istého človeka "

Poďme si predstaviť biliardový stôl, na ktorom je na koberci usporiadaná séria biliardových gúľ. (Pozri obr. 16). Na našej fyzickej úrovni sme si úplne istí, že žiadna lopta sa nebude hýbať, ak ju nestlačí iný pevný predmet.

Na obrázku zostane lopta B nehybná, kým ju nenarazí na loptu A. Keď poznáme silu a trajektóriu lopty A a váhu ostatných guľôčok, môžeme s absolútnou presnosťou vypočítať silu, s akou sa bude lopta B pohybovať.

Budeme poznať dĺžku a smer jeho cesty.

Tieto výpočty nevyžadujú výkonné počítače. Každý dobrý hráč môže robiť tieto výpočty bez akejkoľvek technologickej podpory. To znamená, že sme dokonale prispôsobení nášmu fyzickému vesmíru.

V roku 1972 predniesol prednášku etológ Edward Lorentz: „Ak motýľ letí mávaním krídlami v Brazílii, môže to spôsobiť tornádo v Texase?"

V dnešnom vedeckom svete, kde sa dá všetko vážiť, merať a počítať, by bola odpoveď „áno". Predpokladáme, že náš vesmír je tvorený iba hmotou a je umiestnený v dimenzii, kde čas plynie iba dopredu. Preto by sme mohli vypočítať výkon tornáda v Texase, keby sme mali dostatočne výkonné počítače.

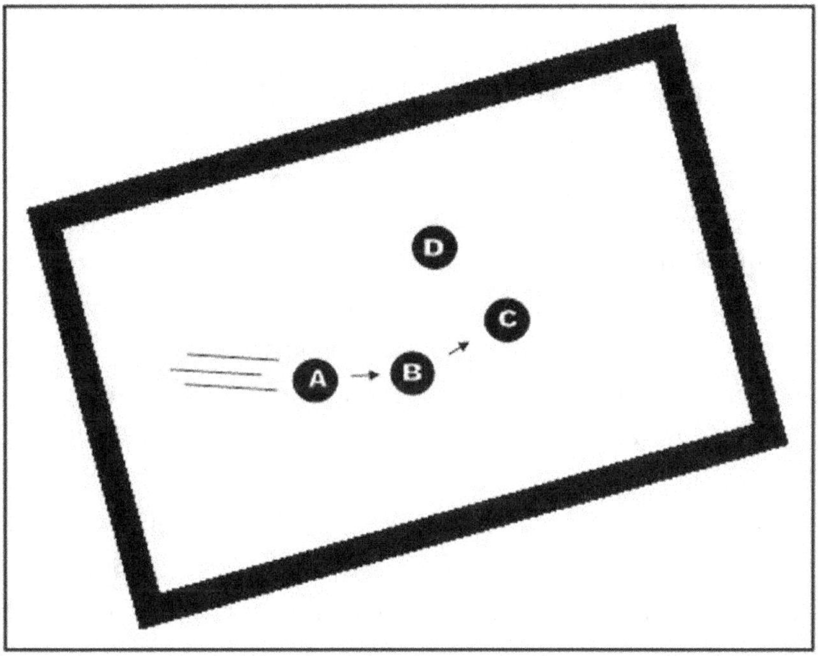

Obrázok 16. Na biliardovom stole sa žiadna lopta nehýbe, pokiaľ nie je zatlačená. Keď sa to stane, jeho sila a smer sú úmerné prijatému ťahu.

Kvantová úroveň.

Na tejto úrovni nemá žiadna „vec“ zjavnú podstatu, tj skutočnosť nemôže byť vnímaná našimi piatimi zmyslami. Našim dotykom sa nemôžeme dotknúť reality kvantovej úrovne. Rovnako nemôžeme „otestovať“ jeho konzistenciu. Podobne nemôžeme vidieť, cítiť ani ochutnať túto realitu.

Ďalej má kvantový svet „nefyzický priestor“, ktorý obsahuje celú našu nehmotnú časť. Toto je časť súvisiaca s našimi myšlienkami, našimi nádejami, našimi túžbami. V zásade je to všetko, čo tvorí naše „Ego“ a naše „Self“. (Pozri obr. 17)

Ego predstavuje nás samých vo vzťahu k sebe samým. Ja predstavuje seba vo vzťahu so všetkou realitou, ktorá nás obklopuje. Ja sa skladá zo sady prvkov, na ktoré odkazujeme, aby sme opísali, čo sme.

Vieme, že naše myšlienky a pocity, duchovné vzťahy, ktoré nás viažu k druhým a naše ambície, nie sú „pevné“, nemôžeme ich držať v prstoch.

Napriek tomu nepochybujeme o tom, že existujú. Pevná hmota by predsa nemohla „byť“, keby nebola oživená energiou a informáciami, ktoré sú obsiahnuté v kvantovej úrovni.

Samotná hmota je v skutočnosti energia podľa Einsteinovej rovnice $E = mc^2$.

Táto rovnica naznačuje, že energia sa rovná hmotnosti vynásobenej druhou mocninou rýchlosti svetla.

Obrázok 17. „Ego“ predstavuje našu výlučne osobnú sféru. „Ego“ je namierené dovnútra. „Self“, obrátené smerom von, predstavuje celistvosť nás samých, vo vzťahu k vesmíru, ktorý nás obklopuje.

Obrázok 18. Každý systém, od najväčšieho po najmenší, je tvorený subsystémami. V časticovej fyzike, to znamená v nekonečne malom, si veda nie je istá, či dosiahla konečnú úroveň rozdelenia.

Recipročne môžeme povedať, že rovnako ako energia je hmota, „hmotnosť je energia". V skutočnosti všetka hmota vo vesmíre pochádza z počiatočného „veľkého tresku", veľkej explózie energie.

Pretože vidíme hmotu, ale nevidíme energiu, sme zvyknutí veriť, že hmota je dôležitejšia. V skutočnosti vesmír tvorený iba hmotou nemohol fungovať, pretože samotná hmotnosť je inertná.

Ako sme videli na príklade biliardu, hmota (lopta) sa môže pohybovať, iba ak prijme energiu stlačenia.

Zároveň môžeme povedať, že na vyjadrenie energie potrebuje masu. Energia potrebuje spoluprácu pevného materiálu, aby prejavila svoj potenciál.

Vesmír sa pohybuje od nekonečne veľkého po nekonečne malý. Náš citlivý svet je tvorený hmotou, ktorá sa agreguje do veľmi malých alebo veľmi veľkých „vecí". Každá „vec" predstavuje komplexný systém, ktorý sa skladá zo subsystémov, teda z menších „vecí". (Pozri obr. 18).

- Vesmír je systém tvorený subsystémami, galaxiami.
- Galaxie sú tvorené hviezdami a planétami.
- Planéty sú tvorené skalami, vodou, minerálmi a živými organizmami.
- Živé bytosti pozostávajú z orgánov (koža, kosti, vnútornosti atď.).
- Orgány sú vyrobené z buniek.
- Bunky sú tvorené molekulami.
- Molekuly sú tvorené atómami.
- Atómy sú tvorené protónmi, neutrónmi a elektrónmi.

Pozitivistická veda tvrdí, že hmota, bez ohľadu na jej stupeň agregácie, podlieha zákonom fyziky. Rôzne časti hmoty môžu navzájom komunikovať pomocou fyzických mediátorov, ktoré prenášajú energiu a informácie. Sila týchto prevodových nástrojov slabne s rastúcou vzdialenosťou. Ďalej tuhá hmota podlieha času, ktorý sa pohybuje iba vpred.

Keď sa pohybuje pevná hmota, nemôže prekročiť rýchlosť svetla. Ani informácie, ktoré sa šíria prostredníctvom fyzických mediátorov, nemôžu prekročiť túto rýchlosť.

Ak bunka odošle informácie do inej bunky, dosiahnutie týchto informácií bude chvíľu trvať. Jeho rýchlosť nemôže prekročiť hranicu 300 000 km za sekundu.

V prípade objektov menších ako atóm, počínajúc elektrónmi, sa veci menia.

Rozložením atómu nájdeme „elementárne častice". Momentálne poznáme dva typy.

- „Častice hmoty", to sú „fermióny". Sú to kvarky, elektróny a neutrína. Všetky sú vybavené omšou.
- „Častice sily", tj bozóny. Tieto častice sú nositeľmi základných síl existujúcich v prírode.

Bozóny môžeme rozdeliť do dvoch skupín:

- Fotóny a gluóny, ktoré nemajú hmotnosť.
- W a Z bozóny, ktoré majú hmotnosť.

Na úrovni elementárnych častíc sú neplatné všetky fyzikálne zákony upravujúce pevnú hmotu.

Na tejto úrovni môžeme byť svedkami veľmi zvláštneho správania, ako uvidíme, keď hovoríme o jave zvanom „kvantové zapletenie".

V skutočnosti nie je možné ani zistiť, či sú elementárne častice skutočne „časticami“, alebo nie „vibráciami“.

Pre uvedenie príkladu si predstavme, že hodíme kameň do vody rybníka. Kameň je podobný častici. Vlny, ktoré sa tvoria na vode, sú vlnou, teda „vibráciou“. Svetlo, zvuk a hudba sú tiež príkladmi vibračných vĺn.

Záver je jednoduchý: kniha, ktorú čítate, je vo vašich rukách pevná a konzistentná. Skutočne sa na to pozeráte očami, ktoré sú navrhnuté tak, aby videli realitu makroskopického fyzického sveta.

Ak by vaše oči mohli na druhej strane vidieť kvantový svet, kniha by sa vám javila ako spleť vibrácií. Každé písmeno by sa nezmestilo na svoje miesto na stránke, mohlo by však byť v nekonečných pravdepodobnostných pozíciách. Táto kniha by bola „ničím“, čo tancuje vo vesmíre tvorenom vibráciami. Asi by ste nepochopili, že toto je kniha.

Ako uviedol Nietsche, „Tí, ktorí tancovali, boli tými, ktorí nedokázali počúvať hudbu, považovaní za šialených.“ “ Bohužiaľ, naše uši nie sú nútené vnímať hudbu, ktorá roztvára častice. (Pozri obr. 19).

Svet na kvantovej úrovni netvoria objekty. Kvantová realita sa skladá z informácií a energie.

Našťastie pre naše potreby prežitia naše oči vidia realitu na fyzickej úrovni a nie na kvantovej úrovni. To neznamená, že kvantová realita neexistuje. Nielen, že tam je, ale jeho prítomnosť má na nás aj mimoriadne účinky.

My sami sme tvorení z elementárnych častíc. Sme zmes energie a informácií.

Obrázok 19. Elementárne častice tancujú na zvuk nástrojov, ktoré sú pre naše uši nepochopiteľné.

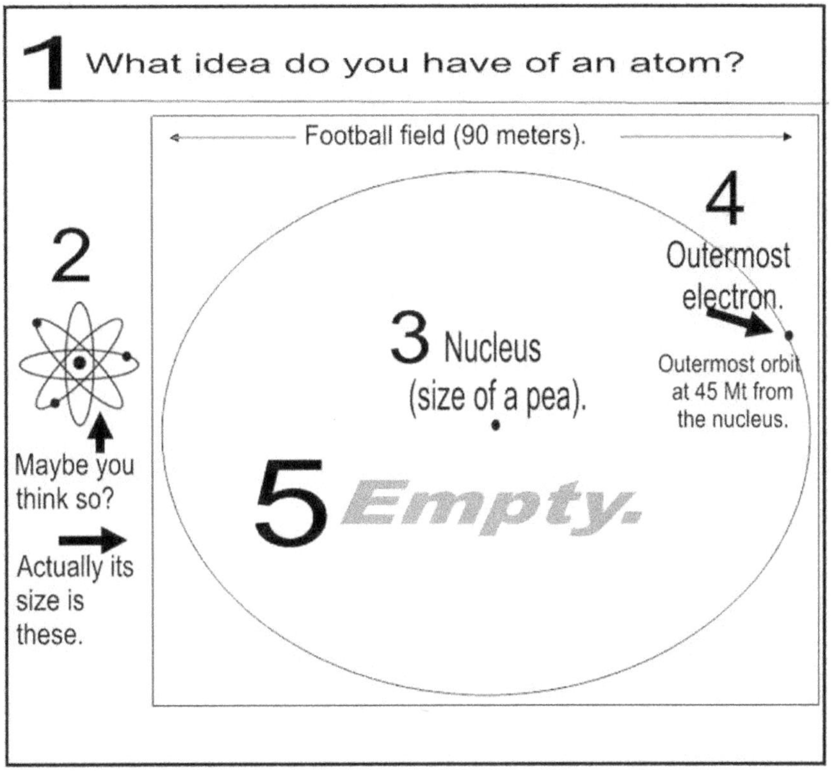
1 What idea do you have of an atom?
Football field (90 meters).
2
Maybe you think so?
Actually its size is these.
3 Nucleus (size of a pea).
4 Outermost electron.
Outermost orbit at 45 Mt from the nucleus.
5 Empty.

Obrázok 20. Predstavte si, že jadro atómu má veľkosť fazule. Umiestnime jadro do stredu futbalového ihriska. Krajný elektrón atómu by rotoval na obežnej dráhe umiestnenej na okraji poľa. Bol by nekonečne menší ako zrnko prachu. Medzi elektrónmi a jadrom sú obrovské priestory vytvorené z „vákua“.

1 - Ako si predstavuješ atóm?
2 - Možno to vidíte vo forme guľôčok rotujúcich okolo jadra. Toto znázornenie je nesprávne.
3 - Predstavte si priestor veľký ako futbalové ihrisko Jadro atómu, veľké ako fazuľa, je v strede poľa.
4 - Najkrajnejší elektrón rotuje na krajných medziach poľa.
5 - Všetko ostatné je ... „PRÁZDNE“.

Na kvantovej úrovni neexistujú žiadne obmedzenia priestoru a času. Sme vibrácie a tancujeme spolu s vibráciami celého vesmíru. Naša energia zdieľa a je zdieľaná všetkou energiou vesmíru.

Najmä naša energia sa podieľa na „zámeroch“ energie, ktorá vibruje okolo nás. Koľkokrát sa nám stalo, že sme sa v istej situácii cítili nepríjemne, bez toho, aby sme vedeli prečo? Možno sme sa neskôr dozvedeli, že ostatných ľudí prítomných na tomto mieste rozdelili pocity nenávisti.

Ak sme niekedy na stretnutí mali pocity typu „napätie bolo veľmi vysoké“, stalo sa to preto, lebo informácie o „negatívnom poli“, do ktorého sme vstúpili, ovplyvňovali naše „individuálne pole vedomia“.

Na kvantovej úrovni sa naše vibrácie spájajú s vibráciami okolitých realít. Aby sme pochopili, ako to robia, skúsme si predstaviť atóm. Majte na pamäti, že sme úplne zložení z atómov.

Čo si myslíte o veľkosti atómu? Samozrejme, že ste vedeli, že je to veľmi malé, ale predstavovali ste si, že je tiež také prázdne, ako je to opísané na obrázku 20?

Predstavme si atóm s jadrom, ktoré je nesmierne väčšie ako realita. Náš imaginárny atóm má veľkosť fazule. Dajme atóm do stredu futbalového ihriska, ktoré, ako je známe, meria dĺžku 90 metrov.

Náš atóm by mohol mať priemerné množstvo elektrónov, povedzme 10.

Vonkajší elektrón nášho atómu by sa otáčal na okraji poľa a bol by nekonečne menší ako škvrna prachu. Ostatných deväť elektrónov, podobne ako iné prachové zrná, by rotovalo v iných polohách. Vo fyzickom priestore tohto atómu, veľkosti futbalového ihriska, by všetku hmotu tvorila fazuľa a desať zrniek prachu. Všetko ostatné by bolo obrovské ... PRÁZDNE. Všetky atómy sú také. Napriek tomu sa nám zdajú pevné.

Keď to zvážime, pochopíme, čo sa stane, keď sa dotkneme pevného predmetu. Náš dojem je, že predmet má väčšiu alebo menšiu „tvrdosť", to znamená, že odoláva dotyku nášho dotyku.

Namiesto toho je to iba náš pocit. V skutočnosti sa atómy nášho tela a atómy objektu zmiešajú. Rovnakým spôsobom sa mohli zmiešať dva mraky, ktoré sa zrazili na oblohe, alebo dva kúdoly dymu vychádzajúce z dvoch blízkych komínov.

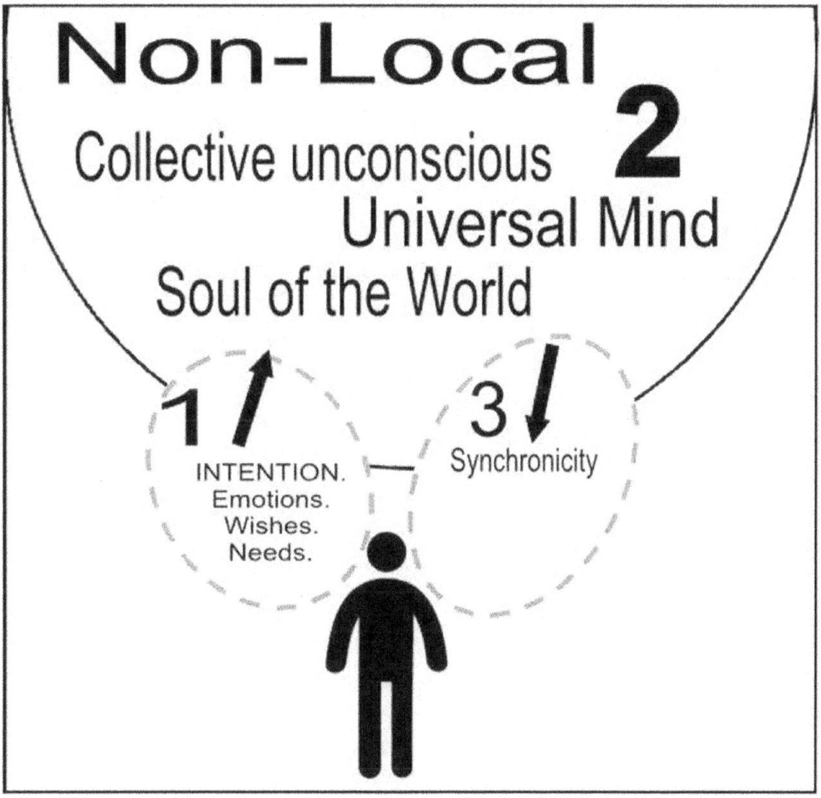
Non-Local
2
Collective unconscious
Universal Mind
Soul of the World
1
3
INTENTION.
Emotions.
Wishes.
Needs.
Synchronicity

Obrázok 21. Nelokálnu úroveň je možné definovať mnohými spôsobmi, v závislosti od štúdií a kultúr. Táto úroveň obsahuje všetku energiu a všetky informácie o vesmíre. Sami sa podieľame na formovaní informácií, ktoré existujú na inej ako miestnej úrovni.

1. Zámery a emócie každej biologickej bytosti sa zbiehajú v „kolektívnom podvedomí".

2 V „kolektívnom podvedomí" si nachádzajú miesto všetky skúsenosti ľudstva.

3 Skúsenosti ľudstva, predstavované vo forme „prvotných psychických prvkov" alebo „archetypov", prúdia do podvedomia jednotlivcov vo forme „psychických synchronicít".

Zmes vytvára spojenie a výmenu. Vibrácie a informácie o atómoch nášho tela sa rozšírili do tela predmetu, ktorého sa dotýkame, a naopak.
Na kvantovej úrovni prebieha nepretržitá výmena informácií a energie medzi nami a objektmi okolo nás.
Na kvantovej úrovni už niet individuality. Všetko je „jedno“ a všetko zdieľa „celé“.

„Nelokality“ úroveň.

Tretia úroveň existencie je oblasťou nelokálnych. Na tejto úrovni nie je čas ani priestor. Táto úroveň sa nazýva „nie lokálna“, pretože ju nemožno umiestniť kamkoľvek.
Nie je to ani v nebi, ani na zemi: nie je to v nás a nie je to mimo nás. Jednoducho existuje „sama o sebe“.
Je to virtuálna oblasť, ktorú môžeme porovnať s Jungovým „kolektívnym podvedomím“. Na „miestnej úrovni“ žijú všetky informácie a energia, ktoré tvoria vesmír.
Táto úroveň je „poľom“ čistého potenciálu. Je to miesto, ktoré riadi celý vesmír, pretože pozná celý vesmír. (Pozri obr. 21). Vo vesmíre neexistujú žiadne informácie alebo sila, ktorá nie je založená na sfére „nemiestneho“.
Preto „nelokálna“ úroveň obsahuje „projekt“ a všetku inteligenciu vesmíru. „nelokálna“ úroveň organizuje a riadi celý vesmír, vytvára a distribuuje energiu, ktorá formuje fyzický svet.

Obrázok 22. Na nelokálnej úrovni neexistujú žiadne obmedzenia priestoru ani času. Realita nie je viazaná „zákonmi kauzality", ktoré dominujú na fyzickej úrovni.

Ako sa zúčastňujeme tohto projektu?

Sme jednoducho súčasťou.

Energie, silové polia, vibrácie, z ktorých sa skladáme, sú neoddeliteľnou súčasťou úrovne „nelokality“.

Podieľajú sa na tvorbe a distribúcii energií vesmíru. Nie sme subjekty, ale tvorcovia nelokálnej reality.

Nemôžeme urobiť veľa pozorovaní o nelokálnej realite. Môže byť užitočné spomenúť Larryho Dosseyho, učenca, ktorý na túto tému vydal niekoľko kníh.

Podľa doktora Dosseyho možno úroveň nelokality definovať pomocou troch charakteristík.

V prvom rade udalosti, ktoré sa vyskytujú v iných ako miestnych, nie sú sprostredkované tretími prvkami. To znamená, že nie sú spojené kauzálnosťou, ale každá udalosť je nezávislá od ostatných. Udalosti sa však môžu navzájom spájať a koordinovať, rovnako ako udalosti, ktoré sú súčasťou synchronicity.

Udalosti navyše nie sú „zoslabené“ a sú „okamžité“. Na rozdiel od toho, čo sa deje na fyzickej úrovni, sila udalostí zostáva rovnaká (nezmenšuje sa) na žiadnu vzdialenosť. Sila neklesá ani vplyvom priestoru, ani vplyvom času.

Vieme si predstaviť rozhovor medzi dvoma ľuďmi. Jeden človek žil pred tisícročiami v Afrike. Druhá osoba dnes žije v Arktíde.

Pohovor prebieha, akoby boli obaja časopriestorovými susedmi .. Potichu sa rozprávajú. Hlas nesmie cestovať v priestore. Všetko sa deje vo večnom „teraz, spolu“. (Pozri obr. 22).

Ako to všetko môže byť pre nás užitočné? Určite nám to môže pomôcť pochopiť mnoho javov, napríklad mimozmyslové vnímanie. Tieto javy materialistická veda považuje za nemožné. Napriek tomu sú tieto javy možné na kvantovej úrovni. Sú ešte viac možné na nelokálnej úrovni.

Silové polia.

Jungova „synchronicita“ je založená na udalostiach, ktoré navzájom nemajú príčinné súvislosti. Každá z udalostí, ktorá tvorí „synchronicitu“, nemá kauzálny vzťah s ostatnými. Jediná vec, ktorá spája tieto udalosti, je „význam“, ktorý predpokladajú pre pozorovateľa.

Synchronicita je preto mimo oblasť modernej vedy. V skutočnosti sa v súčasnosti veda zaoberá iba udalosťami, ktoré majú medzi sebou vzťah, to znamená na základe princípu príčiny / následku.

Aj keď iní vedci naznačili možnosť existencie iných foriem spojenia vo vesmíre, iných ako tých, ktoré sú založené na kauzalite, ich myšlienky boli odmietnuté ako pseudovedecké a neboli brané do úvahy.

Pred príchodom takzvanej éry „Âge des Lumières“ sa veľký význam prikladal konceptom afinity, harmónie a sympatií, ktoré sú užitočné na spájanie častí reality s nefyzickými väzbami.

S príchodom Âge des Lumières boli tieto vzťahy úplne ignorované, až kým sa nezistilo, že neviditeľné väzby a sily skutočne existujú.

Najdôležitejším objavom bola príťažlivosť vyvinutá gravitačnou silou. V dôsledku známej anekdoty jablka, ktoré mu spadlo na hlavu, vypracoval Newton tri zákony dynamiky.

Podľa prvého zákona teleso zostáva nehybné alebo sa pohybuje priamočiarym spôsobom, kým nezasiahne sila, ktorá upraví jeho dráhu. Touto silou je gravitácia.

Napríklad Mesiac by sa stratil vo vesmíre, keby ho na svojej obežnej dráhe neudržiavala gravitačná sila vyvíjaná Zemou. To isté by sa stalo so Zemou, keby nebola vystavená gravitačnému vplyvu slnka.

Po gravitácii prišiel rad na magnetizmus, čo je sila, ktorá vyjadruje príťažlivosť alebo odpor medzi dvoma telesami vybavenými určitým elektrickým nábojom.

Teóriu vyvinul Michael Faraday, ktorý navrhol existenciu „siločiar" medzi magnetom a priťahovaným kovom. Bol to potom James Clerk Maxwell so svojimi rovnicami, ktorý dokázal, že elektrina, magnetizmus a svetlo sú prejavmi toho istého javu: elektromagnetického poľa.

Od tohto okamihu sa pojem pole začal vo fyzike čoraz častejšie používať. Musíme však zdôrazniť, že tento koncept sa nepoužíva iba vo fyzike.

Pojem pole je možné rozšíriť na mnoho ďalších vzťahov aj mimo fyziky, ako je to znázornené na obrázku 23. Na úvod bol tento výraz vždy označujúci obrábaný pozemok v tom zmysle, že pole je miestom, kde koná sa roľníc Pre koncept poľa môžeme prijať túto definíciu: „miesto, kde sa vykonáva konkrétna činnosť konajúcej osoby". Potom môžeme dospieť k záveru, že konajúcim subjektom môže byť akýkoľvek človek, napríklad farmár, alebo fyzikálny princíp, ako je gravitácia alebo magnetizmus. Môže to byť aj psychický princíp, ako je synchronicita.

ka akcia.

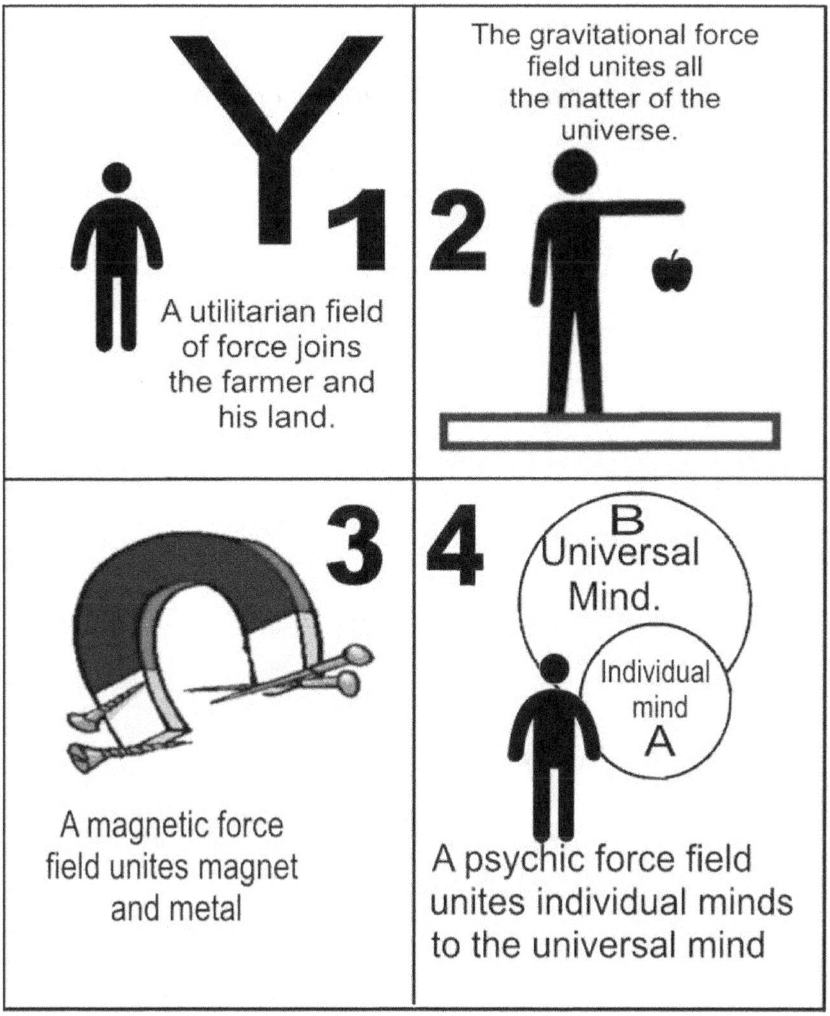
1
A utilitarian field of force joins the farmer and his land.
2
The gravitational force field unites all the matter of the universe.
3
A magnetic force field unites magnet and metal
4
B
Universal Mind.
Individual mind
A
A psychic force field unites individual minds to the universal mind

Obrázok 23. Znázornenie rôznych foriem koncepcie silového poľa.

1 Úžitkové silové pole spája poľnohospodára s jeho pôdou.

2 Gravitačné silové pole spája všetku hmotu vo vesmíre.

3 Magnetické pole spája nechty s magnetom.

4 Psychické silové pole spája myseľ každého jednotlivca s univerzálnou mysľou.

Medzi farmárom a jeho pôdou sa vytvára „úžitkové“ silové pole. Nevidíme to, ale uvedomujeme si, že existuje, keď vidíme ovocie úrody.

Medzi zemou a mesiacom sa vytvára gravitačné silové pole. Nevidíme to, ale uvedomujeme si, že existuje, pretože mesiac neuteká do kozmu, ale naďalej sa točí okolo Zeme.

Medzi magnetom a kusom kovu sa vytvorí magnetické silové pole. Nevidíme to, ale uvedomujeme si, že existuje, pretože kov je priťahovaný magnetom.

Medzi individuálnym vedomím a univerzálnym vedomím sa vytvára psychické silové pole. Nevidíme to, ale uvedomujeme si, že existuje, pretože pri súčasne známych fyzikálnych zákonoch sa vyskytujú nevysvetliteľné javy.

V jungiánskej psychoterapii sa často používa termín „archetypálne pole“. Rozdiel medzi psychickými a fyzickými poľami spočíva v tom, že fyzické sú dobre definovateľné a prijateľné v priestore a sú vybavené vlastnou energiou.

Ďalej fyzické polia prenášajú signály, ktoré pri pohybe a prenášaní informácií nemôžu prekročiť rýchlosť svetla.

Naopak, psychické silové polia nie sú lokálne. Tieto polia nemožno presne umiestniť v čase a priestore,

Psychické polia prenášajú informácie bez obmedzenia rýchlosti a času. Tieto polia sú prítomné súčasne v priestore a čase. Ako uvidíme neskôr, majú kvantové vlastnosti.

Hora kliatieb.

Keď Izraeliti na čele s Joshuom vstúpili do Zasľúbenej zeme, začali ich dobývanie obkľúčením a zničením všetkých miest miestnych obyvateľov.

Po dosiahnutí mesta Ai si Joshua myslel, že mesto je príliš malé na to, aby využilo celú armádu, a rozhodol sa vyslať niekoľko vojakov. Obyvatelia Ai však vyšli z hradieb a zabili ich.

V zúfalstve hľadal Joshua pomoc u svojho Boha, Jaweho. Jeho boh mu povedal, že porážka bola dôsledkom nevery izraelského ľudu. Potom ho však utešil a navrhol správnu stratégiu na dobytie mesta Ai.

Celá Joshuova armáda išla blízko múrov a nechala sa skryť. Medzitým sa do útoku pustila malá skupina vojakov. Obyvatelia mesta Ai opustili mesto a prenasledovali týchto vojakov na vidiek s tým, že si zopakujú predchádzajúci úspech.

To umožnilo ostatným jednotkám, ktoré zostali skryté, vstúpiť a dobyť bezbranné mesto.

Vďaka víťazstvu Joshua pochopil, že akákoľvek neposlušnosť spôsobí porážku jeho ľudu, a pripomenul mu, čo Jaweh predpísal Mojžišovými ústami:

> "When the Lord your God has brought you into the land you are entering to possess, you are to proclaim on Mount Gerizim the blessings, and on Mount Ebal the curses." (*Deuteronomy 11:29*)

> *„Keď ťa Pán, tvoj Boh, dovedie do krajiny, ktorú chceš dobyť, budeš kričať požehnanie na hore Gerizim a budeš kričať na kletbu na hore Ebal." (5. Mojžišova 11:29).*

Dve pohoria Garizim a Ebal sa nachádzajú oproti sebe v údolí Sichem, ktoré je dnes známe ako údolie Nábulusu. Hora Garizim, ktorá dosahuje 881 metrov, je v súčasnosti známa ako Jebel at-Tur.

Mount Ebal je vyšší, 940 metrov, a zodpovedá súčasnému Jebel Eslamiyeh.

Na základe poslušnosti Jawehovi teda Joshua usporiadal veľkolepý a veľkolepý obrad. Všetci muži šiestich izraelských kmeňov, Ruben, Gád, Ašer, Zabulón Dan a Neftalím, vystúpili na horu Ebal, aby ohlasovali kliatby. Muži z ďalších šiestich kmeňov vystúpili na horu Gerizim, aby hlásali požehnanie.

Všetci, ktorí odvtedy budú dodržiavať Boží zákon, mali byť požehnaní. Tí, ktorí tak neurobili, museli byť následne prekliati.

Archa zmluvy a levitskí kňazi stáli uprostred, v údolí.

Keď zakričali požehnanie, kmene, ktoré stáli na hore Gerizim, odpovedali výkrikom, ktorý mohutne zostúpil do údolia: „Amen! Amen! “

Rovnako to urobili aj kmene na vrchu Ebal, keď sa vyhlasovali kliatby. Týmto obradom chceli Izraeliti nastoliť kontext požehnania a kliatby, do ktorého bola zapojená všetka príroda, od dolín až po vrcholy hôr. Účinky tohto obradu by sa udržali v priebehu času, pokiaľ by tam zostali samotné hory, ktoré by ho boli svedkami.

Vieme si predstaviť veľkolepost tejto udalosti, keď sa na dvoch horách zhromaždili desaťtisíce ľudí. Emocionálna účasť toľkého ľudstva musela skutočne vytvoriť to „silové pole“, ktoré sa muselo ustanoviť v dimenzii ešte vyššej, ako je písaný zákon, večnej sile, nezničiteľnej a už neupraviteľnej.

Rituálny kúpeľ v rieke Ganga.

To nebol jediný čas, v ktorom sa ľudskou účasťou vytvárajú silové polia, všeobecne prospešné pre ľudstvo. Indická mytológia hovorí, že Ganga (odtiaľ názov rieky Gangy), dcéra horského kráľa Himavana, mala moc urobiť všetko, čoho sa dotkla, čistým.

Podľa hinduistov je preto rieka Ganga posvätná. Veria, že aspoň raz vo svojej existencii sa človek musí kúpať v Ganze.

Mnoho hinduistických rodín si doma necháva fľašu vody so svätou Gangou. Každý verí, že táto voda dokáže očistiť dušu človeka od všetkých hriechov a tiež uzdraviť chorých.

Každých šesť rokov sa hinduistickí veriaci zhromažďujú na sútoku Gangy s dvoma ďalšími riekami, Yumanou a Saraswati, aby oslávili sviatok Ardh Kumbh Mela, na konci ktorého sa koná obrad Shahi Snan alebo očistný kúpeľ. miesto.

Obrad neskutočne plný pátosu. Tisíce a tisíce hinduistov sa ponorí do rieky na kúpeľ, ktorý lieči dušu. Tečúca voda je impregnovaná ich vierou a odráža ju ako liečivú silu pre celé stvorenie.

Je zrejmé, ako tento obrad vyvoláva emócie nesmiernej intenzity aj u neveriacich, ktorí ho pozorujú. Všetci účastníci sú určite zapojení do mocného mystického silového poľa.

Desiatky miliónov ľudí, z ktorých niektorí trpia infekčnými chorobami, a dokonca aj mŕtvoly ľudí a zvierat, sa dotýkajú vôd rieky Ganga. Údajne prekvapivo nikto nikdy nedostal chorobu z namočenia alebo pitia tejto vody.

Podobné mystické pole liečivej sily nájdeme aj v mnohých ďalších zdrojoch vody, napríklad v Lurdoch.

Silové polia a archetypy.

Podľa Junga archetypy predstavujú vrodené a vopred dané predstavy o ľudskom nevedomí. Prebývajú v kolektívnom bezvedomí a sú skutočnými centrami psychickej energie.

Spontánne sa prejavujú v mysliach jednotlivcov, najmä vo chvíľach utrpenia v dôsledku kríz alebo premien.

Epizódy synchronicity sa vyskytujú vďaka spojeniu, ktoré sa vytvára medzi tým, čo psychika človeka zhromažďuje z kolektívneho nevedomia, a tým, čo prežíva vo vonkajšom svete.

Aj keď sú vrodené a obsahujú celú ľudskú históriu a skúsenosti, archetypy sa s vývojom ľudského druhu posilňujú.

Čím viac silových polí generuje ľudská psychika, tým viac sa „archetyp“ upevňuje v kolektívnom nevedomí.

V tomto zmysle by sme mohli povedať, že túžby človeka formuje univerzálna myseľ, ktorú definujeme ako kolektívne nevedomie. Univerzálnu myseľ zase formujú silové polia generované túžbami a očakávaniami, teda ľudskými zámermi. Synchronicita funguje oboma smermi.

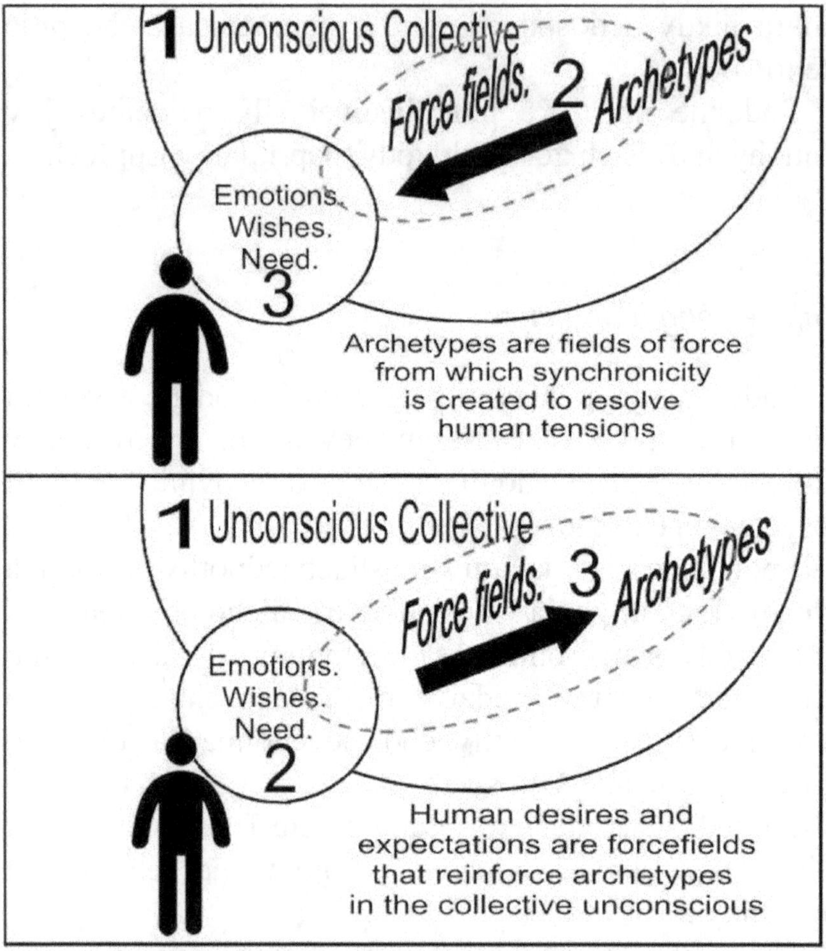

Obrázok 24. Vzájomné posilnenie medzi zámermi, ktoré stúpajú smerom k nelokálnemu, a synchronicitami, ktoré z neho zostupujú. 1 Kolektívne podvedomie je miesto, kde dochádza k stretnutiu medzi jednotlivcom a kozmom.

Archetypy prúdia z kolektívneho podvedomia do individuálneho vedomia.

Túžby, skúsenosti a emócie jednotlivcov posilňujú kolektívne podvedomie..

Duševné polia.

Rupert Sheldrake je britský biológ a esejista, ktorý je známy najmä vďaka svojej teórii morfických polí alebo formových polí. Charakteristické pre tieto polia je, že nemajú žiadny odkaz na klasickú fyziku, to znamená, že nie sú mechanistické, ale riadia sa neznámymi zákonmi. Vo svojej knihe Rozšírená myseľ hovorí:

„Keď som robil výskum vývoja rastlín na univerzite v Cambridge, dospel som k záveru, že živé organizmy sú organizované prostredníctvom polí.

Ako rastú rastliny z jednoduchých embryí obsiahnutých v semenách, aby sa z nich stali gardénie, sekvoje alebo bambusy? Ako nadobúdajú listy, kvety a plody svoje charakteristické tvary?

Naivnou odpoveďou je povedať, že všetko je geneticky naprogramované. Každá vyvíjajúca sa rastlina alebo zviera nejako postupuje podľa pokynov obsiahnutých v jej génoch.

Problém tejto teórie spočíva v tom, že vlastne vieme, čo gény robia: kódujú aminokyseliny, ktoré tvoria molekuly bielkovín.

Gény umožňujú bunkám produkovať správne proteíny v správnom čase, keď sa telo vyvíja. Ale mať správne bielkoviny nevysvetľuje tvar kvetu alebo štruktúru myši. Prečo sa takáto štruktúra vyvíja? Nikto nevie. Toto je jeden z hlavných nevyriešených problémov v biológii.

Za posledných štyridsať rokov bolo vyvinuté obrovské úsilie pri štúdiu génov a kontrole ich činnosti. K dispozícii je množstvo podrobných informácií, ale to neznamená pochopiť vývoj myši alebo iného organizmu.

Povedať, že bunky, tkanivá a orgány sa jednoducho organizujú automaticky, sa rovná tomu, že keby sa všetok materiál dostal na stavbu v správny čas, budova by sa automaticky postavila sama a mala správny tvar.

Je zrejmé, že to tak nie je. Budovy sa nestavajú samy, ale stavajú sa podľa projektu. Projekt samozrejme nie je obsiahnutý v stavebných materiáloch: je to priestorová myšlienka, vzor informácií, ktoré v materiáloch chýbajú. "

Od minulého storočia mnoho biológov, zaoberajúcich sa vývojom živých organizmov, dospelo k záveru, že práca génov nestačí a že okrem programovania potrebných materiálov musí existovať aj organizačný systém, ktorý dohliada na vývoj.

Predpokladá sa, že systém je založený na poliach, ktoré sa nazývajú „morfogenetické polia". V matematických modeloch pripravených na štúdium vývoja organizmov boli zavedené prvky „generujúce príťažlivosť". „Atraktory" sú ciele, ku ktorým smerujú morfogenetické polia.

Tieto atraktory sa nachádzajú v nešpecifikovaných priestoroch, ktoré matematici nazývajú „povodia príťažlivosti", a majú schopnosť priťahovať a nasmerovať každý organizmus v smere vývoja vhodnom pre jeho druh a rod.

Vývoj myši je teda formovaný morfogenetickým poľom myší a vývoj sedmokrásky morfogenetickým poľom sedmokrások.

Všetko dobré, ale kde sú tieto polia? Ako sa vážia, ako sa merajú?

Vládne nad tým absolútna tma. Tu teda platí, že aj matematické modely vývoja jednoduchej sedmokrásky sa musia uchýliť ... k neznámemu, aby vysvetlili, ako sa sedmokráska vytvára.

Stáva sa povinným akceptovať, že okrem fyzikálnych polí, ako je elektrické pole a magnetické pole, existujú aj nefyzické a nemiestne polia, to znamená polia, ktoré nie sú merateľné. Ďalej nie je známe, kde sú tieto polia alebo odkiaľ pochádzajú.

Uvažujme o ľudskej bytosti, mužovi alebo žene, vo veku 30 - 40 rokov, vysokej 1,75 metra a vážiacej 70 kg. Jeho chemické zloženie bude:

voda 59%, čo predstavuje 41,4 kg
bielkoviny 19%, rovná sa 13 kg
tuky 17%, čo sa rovná 12 kg
minerály 4%, čo sa rovná 3 kg
sacharidy 1%, čo sa rovná 0,6 kg
stopové vitamíny 3 - 5 g

Myslíte si, že spojením týchto prvkov v trepačke a pretriasaním podľa ľubovôle by ste dostali muža? Nie.

Ani ľudia nie sú „zhromaždení“ náhodne, ale podľa pokynov morfogenetického poľa. (Pozri obr. 25).

Ako fungujú morfogenetické polia?

V skutočnosti to nikto nevie. Rupert Sheldrake predpokladá, že ide o polia rodu, ktoré fyzici ešte nepoznali, a preto navrhuje tri vlastnosti.

Prvý je zrejmý, morfogenetické pole je projekt, ktorý riadi procesy, ktoré by inak boli náhodné. Pri absencii morfogenetického poľa, ktoré vedie (skutočne ukladá) vývoj myši, by to bol chaos: mohli by sme mať myši s ôsmimi chvostmi a jednou nohou, alebo horšie myši s polovičnými telami podobnými švábom.

Druhým je, že tieto polia, ako predpokladajú matematické teórie, obsahujú „činiteľov príťažlivosti“.

Tieto oblasti okrem plánovania vývoja okamihu vedia, ako usmerniť budúci vývoj. Morfogenetické polia vedia „kam smerujeme“, vidia, čo sa stane, skôr ako sa to stane.

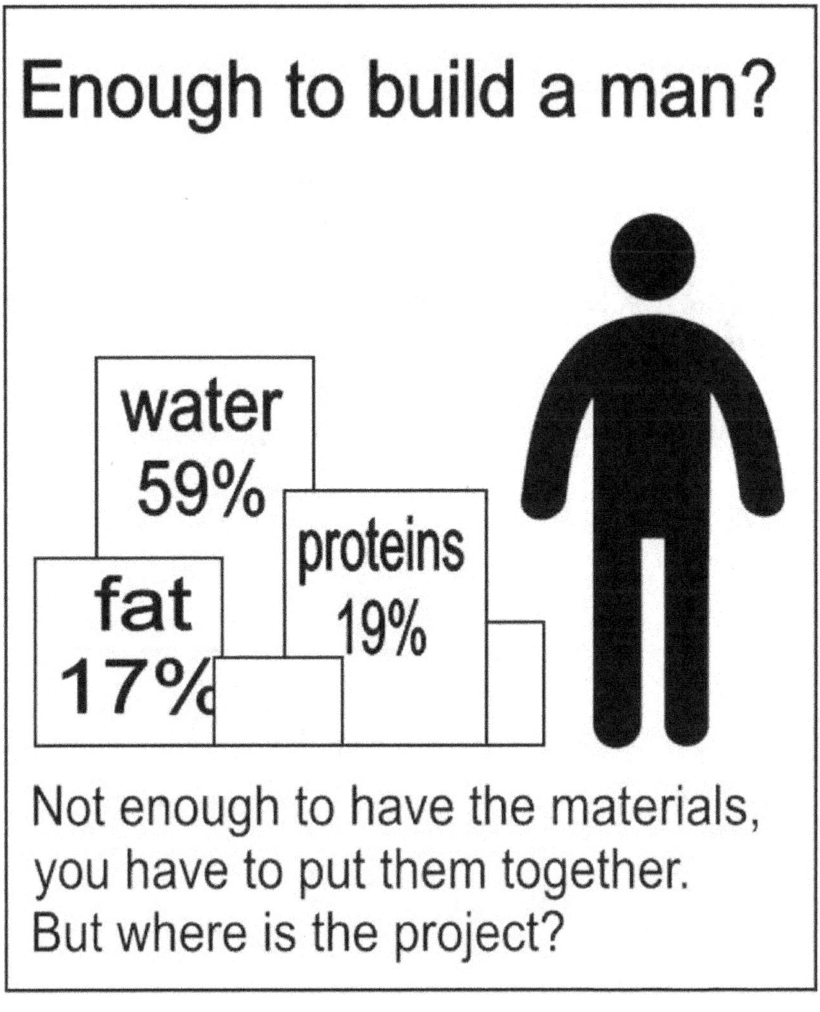

Obrázok 25. Na výrobu budovy nestačí len priviesť všetok materiál na stavbu. Je potrebný projekt. Toto však nie je obsiahnuté v materiáloch.

<table>
<tr><th colspan="2">Morphogenetic fields</th></tr>
<tr><td rowspan="2">
1</td><td>The vine produces grapes because its development takes place in accordance with the morphogenetic field of the vine.</td></tr>
<tr><td>This vine growing enhances and modifies the morphogenetic field of all the vine plants.</td></tr>
<tr><td rowspan="2">
2</td><td>Pear produces pears because its development takes place according to the morphogenetic field of Pear.</td></tr>
<tr><td>This growing pear tree enhances and modifies the morphogenetic field of all pear trees.</td></tr>
</table>

Obrázok 26. Každý prvok vesmíru, živočíšny, rastlinný alebo minerálny, sa vyvíja podľa projektu vpísaného do jeho morfogenetického poľa.
1 Vinič produkuje hrozno, pretože jeho vývoj sleduje norfogenetické pole viniča. Ako táto vinič rastie, posilňuje morfogenetické pole všetkých viničov.
2 Hruška produkuje hrušky, pretože jej vývoj sleduje morfogenetické pole hrušiek. To však ako rastie, posilňuje morfogenetické pole všetkých hrušiek.

Majú múdrosť alebo, ak chcete, svedomie, vedomie svojej úlohy. Pretože sa projekt vyvíja dnes, oblasť už vidí, čo sa stane v budúcnosti.

Treťou vlastnosťou je, že morfogenetické polia nie sú vo vesmíre zaregistrované raz a navždy, ale vyvíjajú sa spolu s referenčnými organizmami. Polia všetkých druhov majú svoju históriu, o ktorej vedia. (Pozri obr. 26).

Morfogenetické polia a morfická rezonancia.

Ďalším krokom je rozšírenie operačného princípu morfogenetických polí. Obmedzuje ich už samotný názov: ich funkciou je spolupráca s génmi pri realizácii stavebných projektov organizmov.

Môžeme si predstaviť väčšie oblasti, v ktorých by sa polia mohli stať usmerňujúcimi projektmi na budovanie nielen fyzického tela, ale aj charakteru, to znamená psychických vlastností.

Napríklad, ako myš rastie, môžu s ňou rásť aj inštinkty a správanie podľa predošlého plánu. Ako dieťa ho jeho inštinkt bude viesť k hľadaniu potravy pre matku. Keď vyrastie, bude hľadať potravu samostatne lovom alebo hľadaním potravy medzi odpadmi.

V tomto prípade hovoríme o morfickej rezonancii medzi psychikou vyvíjajúcej sa myši a psychikou všetkých nekonečných myší, ktoré pred ňou žili.

Rezonancia je jav podobný echu alebo rachotu. Ako veľmi bežný príklad si môžete uviesť dva mikrofóny, ktoré sú zapnuté blízko seba; možno začnete počuť píšťalky so zvyšujúcou sa hlasitosťou.

Technicky sa hovorí, že dva mikrofóny oscilujú: každý z nich vysiela signál druhému a prijíma ho v zosilnenej spätnej väzbe. To je to, čo sme navrhli na obrázku 24 tvrdením, že archetypy a vedomie interagujú a posilňujú sa.

Podobne morfickou rezonanciou prichádza do styku psychika miliárd myší, ktoré už predtým žili, a psychika jednej myši. Jednotlivec získava všetky skúsenosti z druhu. Skúsenosti druhov sa zároveň obohacujú o skúsenosti jednotlivca. Hovorme o pamäti druhu.

Otázka znie: kde je pamäť tohto druhu? Nikde, nemôžeme povedať, pretože jednou z jeho vlastností je nelokalita. Alebo analogicky s tým, čo sa doteraz hovorilo, by sme to mohli umiestniť do kolektívneho bezvedomia myší.

Citujem znova Sheldrake, aby som lepšie objasnil pojem morfické pole.

> "Other kinds of morphic fields include the behavioral fields that underlie the behavior and instincts of animals. As a kitten grows up, its instincts and behavior are shaped by morphic resonance from countless cats in the past. Its morphic fields contain a collective memory of the species. These fields interact with nervous systems and brains by imposing pattern and order on otherwise indeterminate or chaotic processes within them, as I discuss below.
> In addiction, the morphic fields of social groups, or social fields, coordinate the behavior of animal groups, such as termite colonies, flocks of birds, schools of fish, and packs of wolves". (The Sense of Being Stared At: And Other Unexplained Powers of Human Minds)

Obrázok 27. Pohyby a vývoj kŕdľov rýb alebo kŕdľov vtákov sú spôsobené silovými poľami spojenými s nelokalizáciou. Preto sa okamžite prenášajú na všetky ryby alebo vtáky.

1 Pud migrovať pochádza z morfického poľa bociana.

2 Silové pole koordinuje pohyby kŕdľa bocianov.

"Existujú morfické polia, ktoré zahŕňajú polia správania, ktoré sú základom správania a inštinktov zvierat."
Ako mačka rastie, jej inštinkty a správanie morfickou rezonanciou formuje nespočetné množstvo mačiek z minulosti. Jeho morfické polia obsahujú kolektívnu pamäť druhu.
Tieto polia interagujú s nervovým systémom a mozgami jednotlivcov a vnášajú vzorce a príkazy pre procesy, ktoré by inak boli v nich neurčité alebo chaotické.
Morfické polia sociálnych skupín alebo sociálne polia navyše koordinujú správanie skupín zvierat, ako sú kolónie termitov, kŕdle vtákov, kŕdle rýb alebo vlkov. "

Morfické polia.

Morfické polia prejavujú svoju tichú prítomnosť v našom vnímaní, myšlienkach a všetkých našich duševných procesoch.
Morfické polia duševných činností sa nazývajú duševné polia. Prostredníctvom mentálnych polí myseľ siaha do prostredia a spája sa s ostatnými členmi sociálnych skupín.
Tieto odkazy môžu vysvetliť telepatiu, pocit sledovania, jasnovidectvo a psychokinézu. Môžu tiež pomôcť porozumieť predtuchám a predtuchám, pretože vedia, ako zasahovať do budúcnosti, pretože v nelokálnej oblasti budúcnosť neexistuje.

„Silové polia“ v prírode. Kamene.

Na začiatku tejto časti som navrhol hypotézu silových polí, ktoré sa tvoria v dôsledku zámerov, teda túžob a svedomia človeka, ako pri príležitosti posvätného kúpeľa v rieke Ganga.

Existujú však prírodné silové polia nezávislé od človeka, ktoré človek identifikoval od úsvitu ľudstva, keď boli jeho väzby so silami prírody oveľa silnejšie ako to, čo sa deje dnes.

Pútnické ciele existovali už v praveku a súviseli s vierou v posvätnosť konkrétnych miest: lesy, potoky, kamene. Z týchto presvedčení sa vyvinuli aj oslavy náboženských kultov.

Zem bola uctievaná ako Matka podľa koncepcie prítomnej vo všetkých národoch. Následne všetky veci, ktoré pochádzajú z Matky Zeme, nadobudli posvätný význam.

Najmä niektoré kamene boli považované za nádoby s mystickými vlastnosťami. Kameň, ktorý sám o sebe symbolizuje silu a trvanlivosť, sa stal vyjadrením prítomnosti božskej, mocnej a večnej sily.

Kameň tiež inšpiroval bezpečnosť, pretože prvé ľudské obydlia sa nachádzali priamo vo vnútri kameňa, v jaskyniach.

Jaskyne sa nepovažovali iba za nocľahárne, ale za miesta plné posvätnosti. To možno pochopiť pozorovaním výzdoby prítomnej v mnohých z týchto jaskýň.

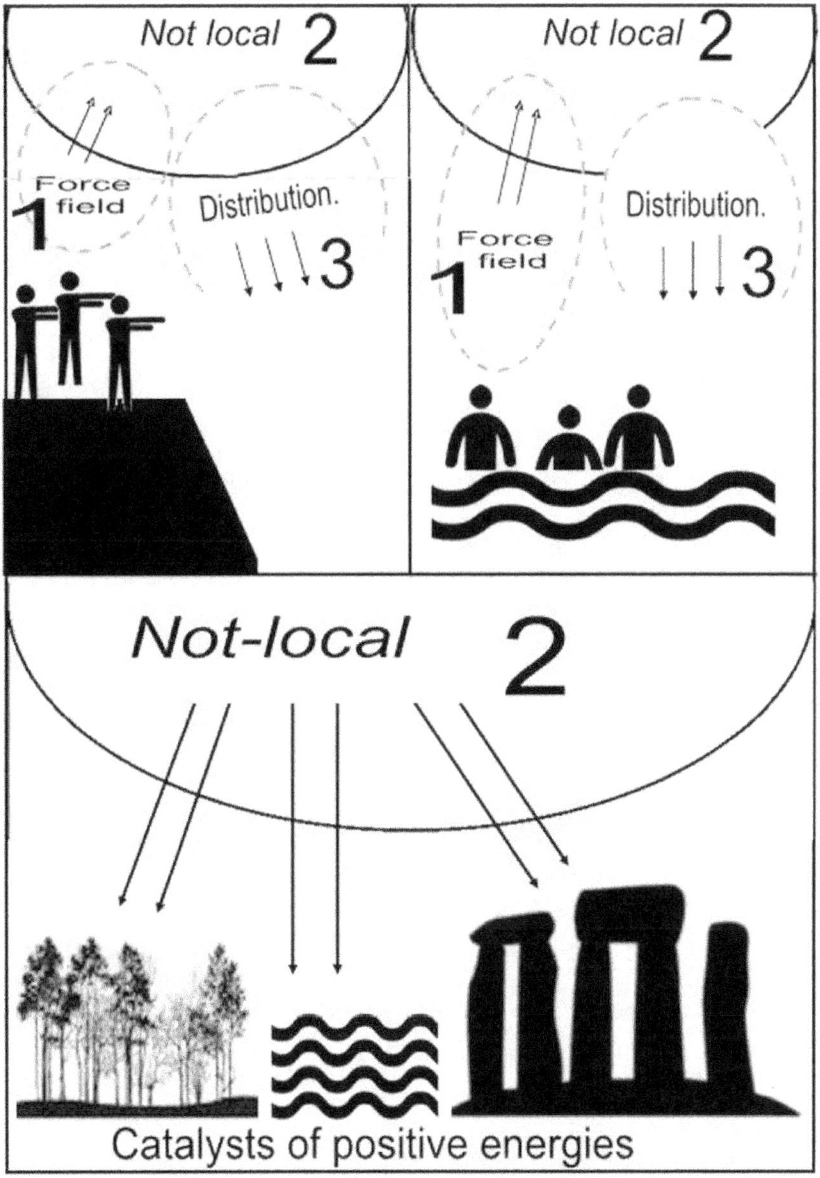
Not local 2
Force field
1
Distribution.
3
Not local 2
Distribution.
Force field
1
3
Not-local 2
Catalysts of positive energies

Obrázok 28. Katalyzátory pozitívnej energie.
1 - 2 Ľudské zámery môžu vytvárať silové polia, ktoré ovplyvňujú lokálnu úroveň.
3 Mnoho miest na Zemi je katalyzátorom pozitívnych energií pochádzajúcich z nelokálnej úrovne.

Výzdoba premenila jaskyne na chrámy, ako sa to stalo napríklad v jaskyniach zdobených skalnými maľbami Lascaux alebo Chauvet vo Francúzsku, jaskyni Altamira v Španielsku alebo dokonca Grotta del Genovese na Levanze na Sicílii.

Žiadny iný materiál nesprevádzal dejiny človeka ako kameň. Odkaz začína stavbou nástrojov a pokračuje dnes zvyšovaním budov, ktoré sa dotýkajú oblakov.

Symbol kameňa nájdeme aj v alchymistickej praxi zameranej na hľadanie kameňa mudrcov, ktorý je schopný transformovať olovo na zlato, ale tiež pozdvihnúť človeka z jeho surovej povahy k vyššej duchovnosti.

Vo všetkých kultúrach sa na človeka pozerá tak, že sa tiahne k nebu, z ktorého pochádza. Človek je vzhľadom na svoju smrteľnú podstatu oddelený od vesmíru iba dočasne, ale neustále hľadá most, ktorý ho spojí s večnosť, z ktorej pochádza.

Z kameňov sa často stáva most, ktorý uprednostňuje tento kontakt. Z tejto perspektívy možno vidieť megality.

Kamene postavené ako jednotlivé prvky alebo v kruhoch (cromlech) ako v Stonehenge v Anglicku alebo opäť v zákrytoch ako vo francúzskom Carnacu majú silu katalyzovať energiu vesmíru. (Pozri obr. 28).

Táto energia pochádzajúca z celku, to znamená z nelokality, generuje miestne silové polia, do ktorých sa človek môže ponoriť, aby mohol byť spojený s univerzálnou silou, božskou.

Silové polia generované týmito miestami majú často vynikajúce liečivé schopnosti, už len kvôli tomu, že psychická pohoda vytvára aj fyzickú pohodu.

Pierre Teilhard de Chardin a „Omega Point".

Pierre Teilhard de Chardin bol jezuitský kňaz, ktorý sa narodil vo Francúzsku v Orcines v roku 1881. Známy predovšetkým ako evolučný vedec, vypracoval niekoľko teórií, medzi ktorými je dôležitá aj teória týkajúca sa „noosféry".

„Noosféra" je termín, ktorý je odvodený z gréckeho slova „nous", čo znamená myseľ, a „sféra" v zmysle biosféry alebo biologického poľa.

Pre Teilharda de Chardina je „noosféra" kolektívnym vedomím ľudských bytostí, ktoré vyplýva z interakcie medzi ľudskou mysľou. Postupom organizácie ľudského druhu sa noosféra vyvinula do akejsi rezonancie.

Koncept má určite silné analógie s Jungovým kolektívnym podvedomím a tvorbou „morfických polí" Sheldrake.

Čím viac sa ľudstvo organizuje zvyšovaním svojej zložitosti, tým viac sa formuje noosféra. Vedec tvrdil, že „noosféra" sa bude rozširovať so zvyšujúcou sa rezonanciou a integráciou, až kým nedosiahne to, čo nazval Omega Point,

Toto je maximálna úroveň zložitosti a vedomia, ku ktorej vesmír smeruje vo svojej evolúcii.

Publikácia jeho spisov vyvolala v katolíckych kruhoch vášnivú polemiku, a to aj kvôli kontrastom medzi konzervatívcami a novátormi v období pred Druhým vatikánskym koncilom.

Teilhard de Chardin bol skutočne obvinený z kacírstva, presnejšie z panteizmu, z rovnakého obvinenia, za ktoré bol na hranici upálený Giordano Bruno.

Ako je zvykom, Cirkev preukázala, že je vždy o krok pozadu v hľadaní vedy, takže odsúdenia rovnako horlivých ako improvizovaných sudcov musia byť potom preskúmané reflexívnejšou a osvietenejšou mysľou.

V poslednej dobe boli teórie Teilharda de Chardina skutočne prehodnotené pozitívne. Pápež Pavol VI. V príhovore o vzťahu medzi vedou a vierou ocenil jeho prácu a označil ho za vedca, ktorému sa pri štúdiu hmoty podarilo znovuobjaviť Ducha.

Ďalej dodal, že De Chardinova teória nepoprela Boha, ale podporila „prítomnosť Boha ako princípu inteligentného a tvorcu".

Kardinál Ratzinger, neskorší pápež Benedikt XVI., Neskôr pripustil, že jedným z hlavných dokumentov koncilu, encyklike „Gaudium et spes", bola myšlienka francúzskeho jezuitu silne preniknutá. Ďalej uviedol, že jeho vízia bola predzvesťou „veľkej kozmickej liturgie".

Piata časť. Zázraky kvantovej fyziky.

I have yet to see any problem,
however complicated, which,
when looked at in the right way
did not become still more complicated.
(Poul Anderson, writer)

Akýkoľvek komplikovaný problém, analyzovaný
správnym spôsobom, sa stáva ešte komplikovanejším.
(Poul Anderson, spisovateľ)

Čas, vzdialenosť, „kvantová nelokalita".

Predtým, ako sa budeme venovať téme týkajúcej sa javu zvaného „kvantové zapletenie", je užitočné mať predstavu o rozmeroch, v ktorých sa pohybujeme. Keď žijeme na fyzickej úrovni, sme zvyknutí merať čas na stupnici od sekúnd do storočí a zdá sa nám, že vzdialenosť medzi týmito dvoma extrémami je obrovská.

V skutočnosti storočie predstavuje 876 000 hodín, a preto, ak vezmeme do úvahy, že hodina predstavuje 3 600 sekúnd, storočie predstavuje približne 3 miliardy a 154 000 sekúnd.

Ak sa však pokúsime myslieť, že v astronómii sa čas počíta na miliardy rokov (jedna miliarda rokov je desať miliónov storočí), môžeme vidieť, že obvykle používané jednotky merania nie sú dostatočné.

To isté sa dá povedať o vzdialenostiach: zvyčajne uvažujeme v milimetroch, metroch alebo kilometroch. Ak však chceme robiť merania v galaxii alebo v jadre atómu, uvedomíme si, že tieto jednotky merania nie sú dostatočné.

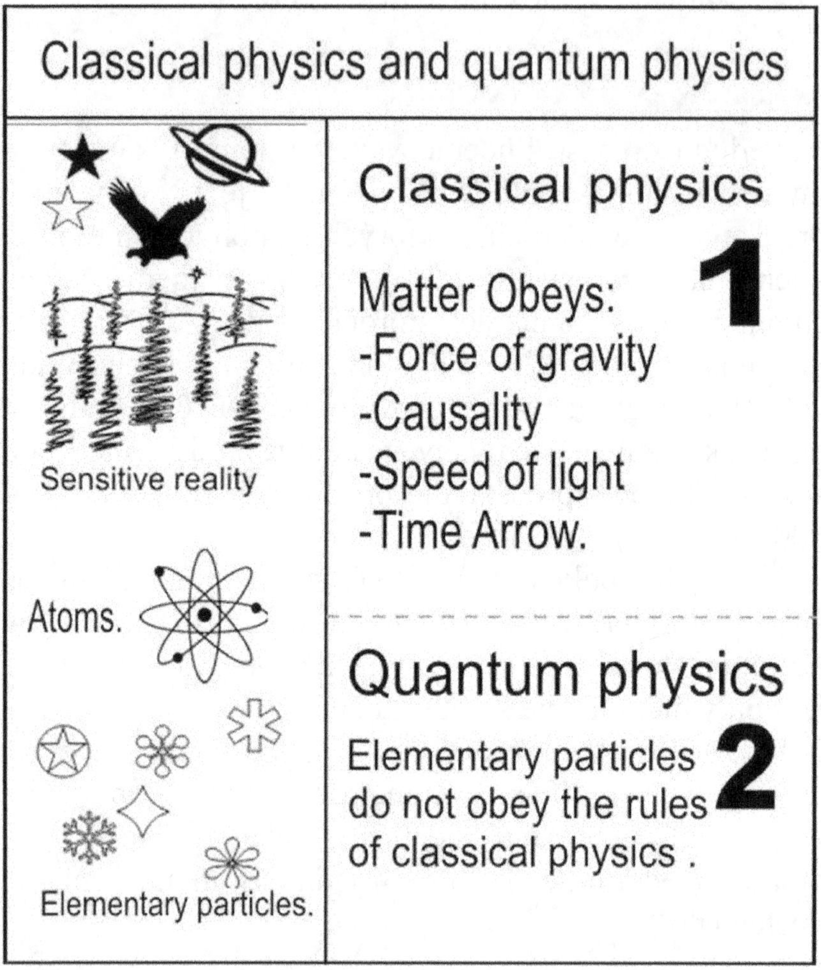

Obrázok 29. Ešte pred niekoľkými rokmi sme poznali iba klasickú fyziku. Teraz sa ukázalo, že existuje aj iná úroveň, úroveň elementárnych častíc. Na tejto úrovni už pravidlá klasickej fyziky neplatia.

1 Klasická fyzika, hmota sa riadi mnohými zákonmi: gravitačná sila, kauzalita, rýchlosť svetla, smer času.

2 V kvantovej fyzike elementárne častice nedodržiavajú tieto zákony.

Synchronicity sa dejú v pravý čas.

V Liste Hebrejom, biblickom texte, ktorý sa v minulosti pripisoval svätému Pavlovi, autor uvádza, že Kristus „... keď nastal čas plnosti, prišiel na svet, aby zmazal hriech obetou seba samého“ ((Heb 9, 26b)
V jednom zo svojich rozhovorov známy taliansky biblický exegét, Gianfranco Ravasi, poukázal na to, že bez toho, aby boli dotknuté všetky teologické dôsledky, možno výraz „plnosť času“ chápať aj v tom najsprávnejšom zmysle, to znamená „o správny čas “. Podľa Ravasiho názoru bol okamih narodenia Ježiša absolútne priaznivý pre šírenie evanjelia: Rímska ríša vybudovala cesty na všetkých svojich územiach, čo výrazne uľahčilo pohyb ľudí a s nimi aj nové myšlienky.
Úlohu, ktorú Ježiš dal svojim učeníkom „Choďte do celého sveta a hlásajte evanjelium každému stvoreniu“ (Mk 16,15), veľmi uľahčila situácia vtedajšieho sveta: rozsiahle územia, prakticky v pokoji a ľahko dostupné.
Vieme, že archetypy, teda „idey“ prítomné v kolektívnom nevedomí ľudstva, interagujú a sú posilňované pomocou svedomia a zámerov človeka.

Human evolution		
From four million years to 10,000 years ago 1		Stone Age in its various stages
From 10,000 to 200 years ago 2		Age of metals
From 1800 3		Industrial Revolution
From 1900 4	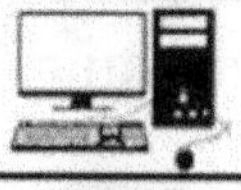	Computer revolution
Next evolutionary step 5		Science that unifies matter and psyche

Obrázok 30. Na spustenie evolučnej synchronicity, ktorá by umožnila prechod z doby kamennej do doby kovovej, bol potrebný nesmierny čas. V posledných storočiach nadobudli synchronicity frenetický trend.

1 Doba kamenná trvá milióny rokov a končí sa iba pred 10 000 rokmi.

2 Vek kovov trvá pred 10 000 až 2 000 rokmi.

3 Priemyselná revolúcia sa začína v priebehu 19. storočia

4 Informačná revolúcia sa začína v 20. storočí

5 Ďalší vývojový krok bude zahŕňať spoluprácu medzi hmotnou zložkou a psychickou zložkou vesmíru.

Rovnako je opodstatnené domnievať sa, že myšlienka nového náboženstva sa posilňuje, keď si ho viac mužov dáva do svojich túžob a očakávaní, to znamená do svojich vlastných úmyslov.

Kresťanstvo sa šírilo rýchlejšie, pretože očakávania nových veriacich sa neustále zvyšovali a rezonovali s myšlienkou kresťanstva prítomného v nemiestnom.

Rastúci počet veriacich bol znásobený. Podľa kresťanskej viery sa „lokálny" rozmer zhoduje s dielom Ducha Svätého, ktorý pomáha učeníkom pri ich kázaní.

Ďalší príklad „najvhodnejšieho času" si môžeme predstaviť, ak zhodnotíme časy ľudskej evolúcie. Vek človeka možno rozdeliť na dobu kamennú, medenú, bronzovú a železnú.

Ak uvedieme tieto vekové skupiny týmto spôsobom, nemáme predstavu o ich trvaní. Doba kamenná sa v skutočnosti začína pred 3 - 4 miliónmi rokov a iba pred 10 - 12 000 rokmi došlo k zmenám vedúcim do doby medenej: pred 5 000 rokmi do doby bronzovej. Doba železná prichádza pred 3 000 rokmi. (Pozri obr. 30)

Doba kamenná trvala nesmierne dlhšie ako všetky nasledujúce veky. Prečo človek zostal tak dlho vo svojom ranom veku, viac ako tri milióny rokov, predtým, ako urobil prvý evolučný krok v dobe medi? To je otázka, na ktorú moderná paleontológia nevie odpovedať.

Poďme s hypotézou: po celé to veľmi dlhé obdobie muži nechceli, nemali v úmysle sa vyvíjať, možno si ani len nepredstavovali túto možnosť, pretože ešte nemali svedomie dostatočne pripravené na vyjadrenie zámerov.

Možno ich bolo tiež tak málo, že neboli schopní vyvinúť také silové pole, aby vyvolali synchronicity schopné uprednostňovať evolučný vývoj.

V určitom okamihu sa zvýšenému počtu a niektorým priaznivým okolnostiam podarilo spustiť silové pole dostatočné na interakciu s archetypom kultúrneho vývoja.

Od tohto okamihu bola evolúcia veľmi rýchla a rýchlo prechádzala z doby medi do doby bronzovej a potom do doby železnej.

Dnes žijeme v dobe kremíka, teda v dobe informácií. Dnes máme komunikačné nástroje na rýchle šírenie nových myšlienok, ktoré sú schopné generovať polia sily a očakávania týkajúce sa najpokročilejších hraníc znalostí.

Polia sily, ktoré dnes vznikajú, sa môžu šíriť a meniť evolučnú cestu ľudstva za niekoľko desaťročí, už nie za milióny rokov.

Čas, v ktorom žijeme, je určite ten pravý čas na to, aby sa nové myšlienky súvisiace s pokrokom kvantovej fyziky, ako je kvantové zapletenie, chopili a narušili všetky staré viery o realite vesmíru.

V skutočnosti kvantové zapletenie predpovedá realitu, ktorú už netvorí iba hmota, ale hmota a psychika. Zapletenie prehodnocuje a sprítomňuje všetky myšlienky a intuície, ktoré ľudstvo nikdy nebolo schopné vyskúšať, aj keď vždy cítila, že sú pravdivé.

Kvantové zapletenie začína prinášať skutočné a presvedčivé dôkazy. Vo svete sa vytvára sieť „obrancov“ tejto novej vedy, ktorá je schopná generovať silové pole postačujúce na posilnenie tej istej myšlienky každý deň.

Kvantové zapletenie sa vyvinulo za pár rokov vďaka neuveriteľnej sérii synchronicít.

Stretnutie, ktoré sa uskutočnilo v pravý čas.

Jedného chladného popoludnia v januári 1932 zaklopal na dvere kancelárie známeho psychoterapeuta tej doby pokorne vyzerajúci muž.

Rozhodol sa počúvať rady svojho otca, starať sa o svoje duševné zdravie, a vyhľadať starostlivosť odborníka. Tento muž v skutočnosti prežíval veľmi ťažkú chvíľu svojho života.

Narodil sa vo Viedni začiatkom 20. rokov 20. storočia. Čoskoro by mal tridsať rokov s výrazným pocitom, že v živote urobil len veľmi málo. Prepadol vážnemu psychickému stavu kvôli mnohým tragickým udalostiam, ktoré ho postihli.

Je pozoruhodné, že pred štyrmi rokmi jeho matka spáchala samovraždu a následne sa rozviedla s manželkou, kabaretnou speváčkou, po manželstve, ktoré trvalo niekoľko týždňov.

To všetko ho viedlo k tomu, že sa stal alkoholikom, takže sa často stávalo, že ho neskoro v noci vyhodili z rôznych miest, ktoré navštevoval, kde bol dobre známy, pretože obťažoval ostatných zákazníkov.

Tento zvyk ho okrem iného dráždil a tiež v pracovnom prostredí. Tu nemohol byť vo vzťahoch s ostatnými srdečný.

Psychoterapeut vo svojich poznámkach popisuje svoje stretnutie s týmto mužom takto:

"Mal som pacienta, univerzitného profesora." Bol veľmi mono orientovaný intelektuál. Jeho vedomie bolo znepokojené a veľmi aktívne. Premietal sa do ďalších mužov, ktorí sa javili ako jeho nepriatelia. Cítil sa strašne sám, pretože sa zdalo, že všetci sú proti nemu. "

Psychoterapeut sa volal Carl Gustav Jung a pacient Wolfgang Pauli. (Pozri obr. 31). Od tohto stretnutia, čoskoro posilneného priateľstvom kvôli spoločným kultúrnym záujmom, sa medzi nimi rozvinula intenzívna spolupráca.

Napriek svojim psychickým problémom bol Pauli skutočne vynikajúcou vedeckou mysľou, a to natoľko, že v roku 1945 dostal Nobelovu cenu za objav nevyhnutný pre rozvoj kvantovej fyziky, známy princíp nazývaný „Pauliho vylúčenie".

K stretnutiu týchto dvoch nedošlo náhodou, ale bola to na tú dobu mimoriadne presná synchronicita a celé ľudstvo bolo vedené k súčasným poznatkom o realite vesmíru.

Obrázok 31. Wolfgang Pauli, 1945 Nobelova cena za fyziku.

Jung a Pauli spojili dve teórie. Prvú, teóriu archetypov a kolektívneho nevedomia, vytvoril Jung. Táto teória bola predmetom Pauliho vedeckej presnosti a dôslednej metodiky. Pauli tiež porovnal Jungovu teóriu s princípmi kvantovej fyziky. Veľká časť obsahu tejto knihy je založená na výsledkoch ich spolupráce.

Pauli pripisuje sny mnohým pozitívnym výsledkom svojho štúdia. Tvrdil, že vo sne dostal veľa užitočných inšpirácií.

Pauliho efekt.

Pauli bol medzi svojimi spoločníkmi dobre známy pre veľmi zvláštnu vlastnosť.

Hovorí sa, že keď Pauli vošiel do výskumného laboratória, vždy sa niečo stalo. Boli to napríklad nástroje, ktoré prestali pracovať, predmety, ktoré sa rozdrvili, ďalšie, ktoré spadli na zem alebo explodovali.

Mnoho fyzikov sa rozhodlo, že ho k tomu nijako nepustia a vymyslia tie najnápaditejšie výhovorky. Urobili to však bez toho, aby mu to povedali, z úcty k nemu.

Iba jeho kolega Otto Stern otvorene oznámil zákaz ako neodvolateľné rozhodnutie. Okolo Pauliho sa určite vytvorilo pole psychokinetických síl. Toto pole môže mať vplyv na tuhú hmotu.

O tomto Pauliho efekte svedčí veľa jeho kolegov. Jeden z nich, J. Frank, mu napísal, že jedno z jeho zariadení v Göttingene zlyhalo. Nemohol však viniť Pauliho, pretože Pauli v ten deň chýbal.

Pauli odpovedal, že v čase nešťastia cestoval a jeho vlak bol zastavený priamo v stanici Göttingen.

Napriek týmto folklórnym úvahám bol Pauli spolu s Bohrom, Heisenbergom, Diracom a ďalšími jedným z popredných mysliteľov kvantovej mechaniky.

Pauli sa rýchlo stal známym pre svoje základné a originálne príspevky k teórii kvantového poľa.

Jeho princíp vylúčenia (ktorý mu vyniesol Nobelovu cenu) bol základom teórií, ktoré umožňovali experimentovať s fenoménom kvantového zapletenia.

Albert Einstein mu vždy preukazoval hlboké uznanie. Keď bol tvorca teórie relativity pri odovzdávaní Nobelovej ceny, nazval ho „duchovným synom".

Dlhá spolupráca viedla Junga a Pauliho k vývoju psychofyzikálneho diagramu zobrazeného na obrázku 32.

Psychofyzický mdiagram pre Pauliho a Junga.

Naľavo a napravo od grafu je vyrovnaná náhodnosť a synchronicita. Týmto spôsobom chcú označiť spoluprácu medzi newtonovskou fyzikou. a princíp synchronicity.

Podľa kauzality je každá udalosť spojená s príčinou, ktorá ju vyvolala. Synchronicita na druhej strane vždy odkazuje na absolútne nesúvisiace udalosti.

Dve vertikálne ramená predstavujú svet psychiky, teda nelokálny, ktorý sa vyrovnáva s fyzickým, ktorý je riadený rozmermi priestoru a času.

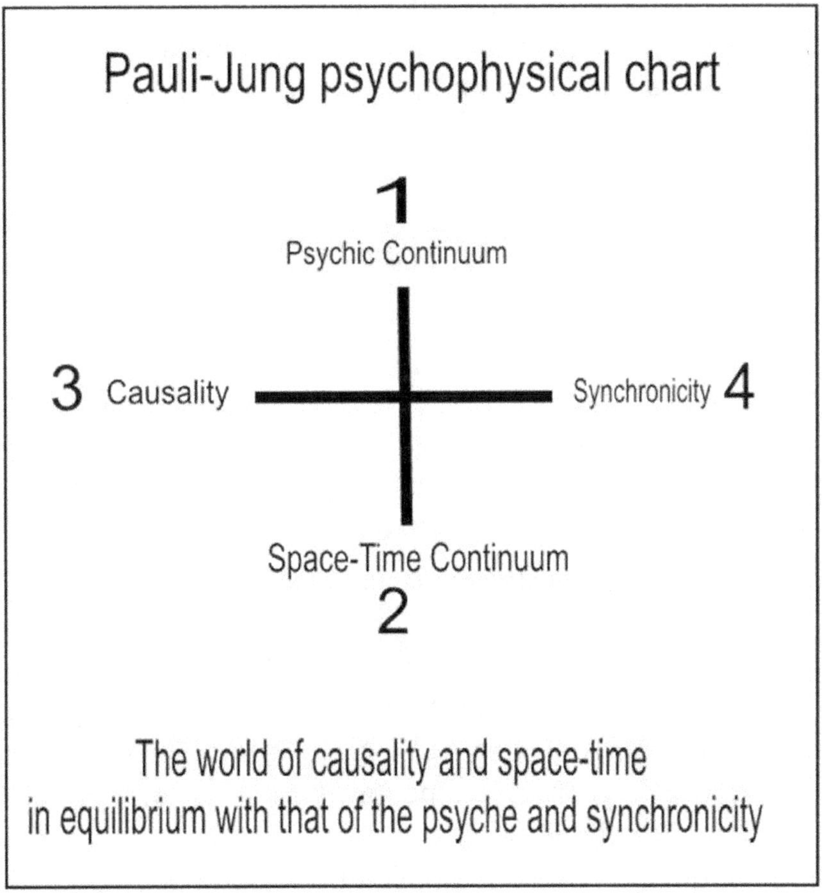

Obrázok 32 Psychofyzický diagram, ktorý pripravili Wolfgang Pauli a Carl Gustav Jung.

1-2 Dve zvislé ramená predstavujú svet psychiky v rovnováhe so svetom hmoty.

3 - 4 Ľavá a pravá strana grafu sú v rovnováhe „náhodnosť“ a „synchronicita“.

Tento diagram potvrdzuje, že realita sa skladá nielen z hmoty, ale z hmoty a psychiky. Hmota a psychika sa navzájom potrebujú. Psychická realita nemôže existovať, ak sa nemôže prejaviť v materiálnej realite a naopak

„Kvantové zapletenie“.

Všetky nové objavy, najmä kvantové prelínanie, majú tendenciu dokumentovať existenciu „substrátu“, ktorý spája celú realitu, v ktorej žijeme.

Syntéza Kvantového prelínania je presne táto: celý vesmír je prepojený cez dimenziu, kde signály a informácie prechádzajú bez obmedzenia priestoru a času.

Na úrovni elementárnych častíc to bolo jasne preukázané. Záver, ktorý môžeme vyvodiť, je, že keďže celý vesmír je tvorený elementárnymi časticami, je celý vesmír vzájomne prepojený.

Pri skúmaní reality z pohľadu kvantovej mechaniky vidíme, že mnoho javov, ktoré sa predtým považovali za nemožné, by skutočne mohlo existovať.

Hovoríme o telepatii, jasnovidectve, telekinéze a všetkých tých javoch známych ako „kuriózne náhody“. Toto sú významné náhody, ktoré psychológ Carl Gustav Jung spolu s fyzikom a laureátom Nobelovej ceny Wolfgangom Paulim katalogizovali pod menom „synchronicita“.

Niekto bude skeptický a bude tvrdiť, že vedecky bezchybná teória, ako je kvantové zapletenie, nemôže byť „špinavá“ spojením s psychickými javmi.

Je to však tak a obe skutočnosti sú absolútne kompatibilné.

Štruktúra reality interpretovaná pomocou kritérií kvantovej fyziky a vlastnosti psychických javov by sa mohli zdať vzdialené svetelné roky. Namiesto toho zdieľajú funkcie so skutočne pôsobivou podobnosťou a kompatibilitou.

Zapletenie je vlastnosť kvantovej teórie potvrdená mnohými experimentmi.

Albert Einstein túto novinku neakceptoval, pretože sa domnieval, že je to v rozpore s jeho teóriou relativity. Preto si Einstein predstavil experiment, ktorý by demonštroval nekonzistenciu kvantových teórií.

Tento známy experiment, známy ako EPR z názvu troch vedcov, ktorí ho navrhli (Einstein, Podolski, Rosen), bol myšlienkovým experimentom, ktorý podliehal nepresnostiam. Keď sa technika v 80. rokoch zlepšila, experiment sa prakticky uskutočnil mnohokrát. Pokaždé, keď experiment potvrdil teóriu „kvantového zapletenia“. Ukázalo sa teda, že Einsteinove pochybnosti boli nesúrodé.

Kde sa rodí „kvantové zapletenie". Elementárne častice.

Zapletenie je jav, ktorý sa vyskytuje na úrovni elementárnych častíc. Prvým krokom k pochopeniu toho je objasniť, čo je elementárna častica.

Odvolávame sa na najznámejšiu kategóriu častíc, elektrónov, ktoré patria do kategórie leptónov. Ako je známe, elektróny sú veľmi malé častice so záporným elektrickým nábojom.

Elektróny obiehajú okolo centrálneho jadra atómu (zloženého z protónov a neutrónov). Toto jadro má pozitívny elektrický náboj, elektróny majú negatívny elektrický náboj.

Pohyb elektrónu generuje magnetické pole a je zodpovedný za elektrickú vodivosť a teplo. Ale vlastnosť, ktorá nás najviac zaujíma, je, že elektrón, aby reagoval na zmeny svojej energie a zrýchlenia, emituje fotóny.

Fotón je kvantum svetla. Aby sme vysvetlili pojem „koľko", vezmime si príklad a predstavme si, že pôjdeme do supermarketu kúpiť nejaký syr.

Môžete požiadať o 100 gramov, 200 alebo 300 gramov alebo dokonca 150 gramov. Obsluha rozreže niektoré plátky ich umiestnením na váhu a potom povie: „Je ich o 10 gramov viac, nechám ich?" Zaplatíte podľa hmotnosti a šťastne opustíte obchod.

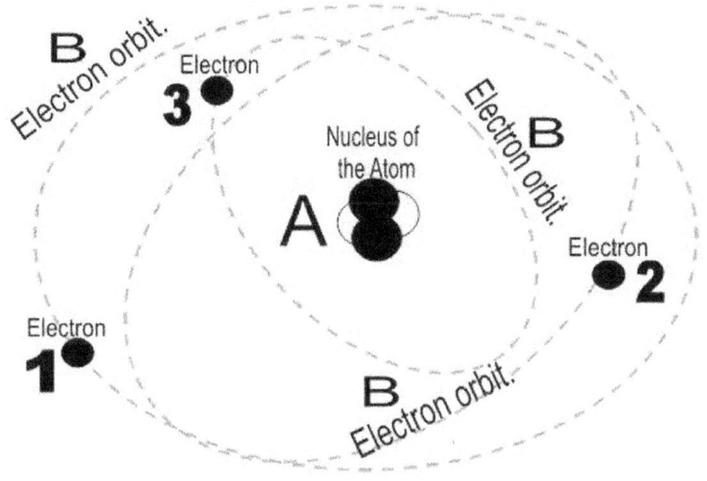

Exemghting an atom.
(nucleus, electrons, electron orbits).

The electron 1 (outermost) has an energy greater than 2 and 3, to remain in orbit around the nucleus.
Electron 2 has an energy greater than 3, but less than 1.
Electron 3 has less energy than 2 and 1

Obrázok 33. Elektrón má dostatok energie na to, aby sa krútil okolo jadra. Čím viac je jeho obežná dráha vonkajšia, to znamená, že čím je ďalej od jadra, tým má vyššiu energiu.

Jadro atómu.

B elektrónové dráhy

1 Elektrón, ktorý rotuje na najvzdialenejšej obežnej dráhe, má väčšiu energiu ako elektróny 2 a 3, ktoré rotujú na obežných dráhach bližšie k jadru atómu.

2 Elektron 2 má vyššiu energiu ako elektrón 3. Jeho energia je však nižšia ako energia elektrónu 1.

Ak idete kupovať fotóny, tak to nefunguje. Fotón má svoju vlastnú hmotnosť, ktorá sa nenazýva „kilogram“ alebo „hektogram“, ale „koľko“. Fotón je „kvantum“. Toto je jediné možné opatrenie. Neexistujú žiadne násobky ani podvojné množstvá „kvanta“

Vráťme sa k nášmu elektrónu. Povedali sme si, že reaguje na zmeny svojej energie vyžarovaním fotónov. Naším cieľom je teda vytvoriť elektrón emitujúci fotóny, aby porozumeli zapleteniu. Prvým krokom je zmena energie elektrónu, pozrime sa, ako to dokážeme.

Atóm je obklopený mnohými elektrónmi, podľa toho, ktorého prvku je súčasťou.

Elektróny sa otáčajú na obežných dráhach usporiadaných okolo jadra. Ich energetická hladina závisí od týchto dráh. Tie, ktoré sú ďalej od jadra, majú viac energie, tie, ktoré sú bližšie k jadru, majú menej. (Pozri obr. 33).

Elektróny s malou disciplínou.

Z častých dôvodov, z ktorých nikto nevie, sa elektrón tak často rozhodne narušiť túto harmóniu a zmeniť obežnú dráhu. To znamená, že sa rozhodne skočiť z vonkajšej na vnútornú obežnú dráhu.

Pri tomto výskoku je však atóm výrazne obmedzený: nemôže voľne robiť malý, ani polovičný, ani dlhší skok: musí skákať presne „kvantum“, pretože obežné dráhy sú usporiadané v kvantovom poradí.

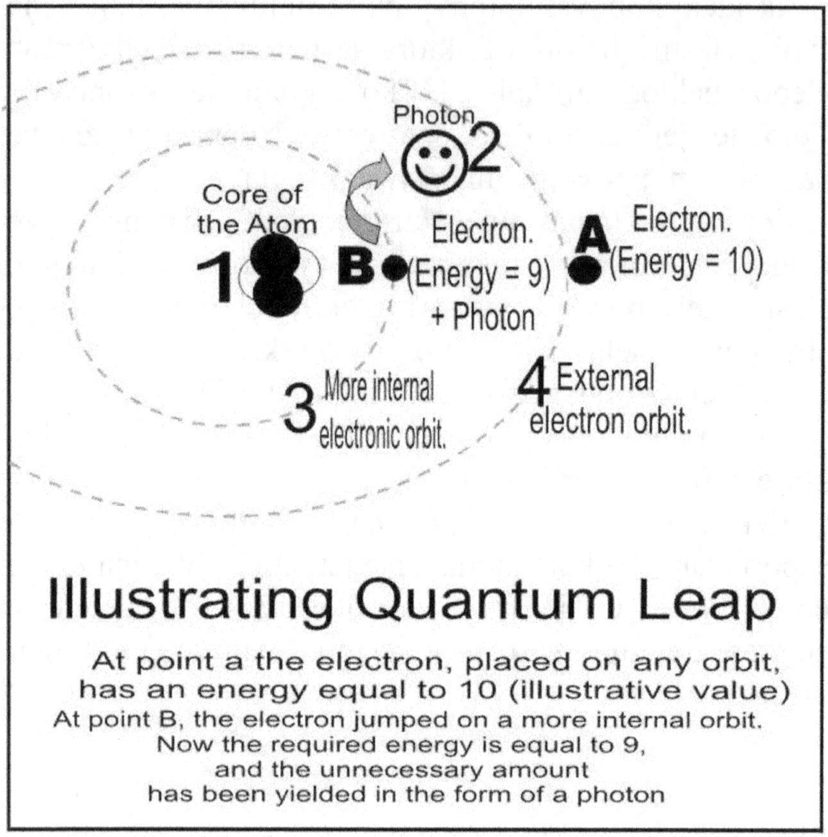

Obrázok 34. Kvantový skok. Elektrón, ktorý vyskočí na obežnú dráhu bližšie k jadru, stratí energiu a uvoľní ju vo forme fotónu.

1- Jadro atómu.

A) - Elektrón umiestnený na obežnej dráhe 4. Predstavme si, že jeho energia sa rovná 10.

B) - Elektrón A vyskočí na dráhu 3, ktorá je vnútornejšia. Týmto spôsobom uvoľňuje „kvantum" energie. Uvoľnená energia sa transformuje na fotón.

Ak náš elektrón skočí dovnútra, aby sa priblížil k jadru, na novej obežnej dráhe už nepotrebuje energiu, ktorú predtým vlastnil, pretože najvnútornejšie dráhy vyžadujú menej energie.

Preto sa elektrón bude musieť vzdať časti svojej energie. Presnejšie, elektrón musí uvoľňovať „kvantum“ energie.

Čo sa stane s „koľko“ energie, ktorá sa stratila? Stáva sa z nej častica, teda „fotón“. Ako už bolo spomenuté, fotón je presne „kvantom“ svetla.

Skutočnosť, že elektrón musí skákať presne „kvantum“, určuje veľmi zvláštny jav. Medzi jednou dráhou a druhou, teda v medzipolohe, nikdy nenájdete elektrón „zavesený vo vzduchu“.

Elektrón okamžite zmení obežnú dráhu bez akéhokoľvek prechodu. Pri kvantovom skoku elektrónu nie je ani priestor na prekonanie, ani čas potrebný na jeho prekonanie. Teraz je elektrón tu, ale teraz je už na inom mieste a teraz je tu nový fotón. (Pozri obr. 34).

Urobili sme významný krok vpred, ale potrebujeme ďalší, veľmi malý. Na vyhodnotenie toho, čo je to zapletenie, potrebujeme najmenej dva fotóny, pretože zapletenie spočíva práve vo vzťahu medzi dvoma časticami alebo viac ako dvoma.

Kvantové prepletenie sa rodí medzi dvoma „dvojitými" fotónmi.

„Kvantové zapletenie" vzniká medzi dvoma „dvojitými" fotónmi, to znamená dvoma fotónmi narodenými z tej istej udalosti.

Medzi tými, ktorí verili v existenciu zvláštnych vzťahov medzi fotónmi emitovanými kvantovým skokom, a tými, ktorí boli na druhej strane skeptickí, vznikol veľmi dlhý disent.

Medzi skeptikmi bol aj Einstein, ktorý spolu s ďalšími dvoma vedcami (Podolski a Rosen) v roku 1935 vymyslel myšlienkový experiment, ktorý demonštroval nemožnosť teórií predpovedaných kvantovou mechanikou.

Einstein označil správanie častíc na kvantovej úrovni za „hrozné akcie na diaľku" a dôrazne ich poprel.

Myšlienkový experiment je experiment, ktorý sa v praxi neuskutočňuje, ale je iba vymyslený. Výsledky sú preto teoretické a nemožno ich overiť.

Myšlienkové experimenty sa používajú, keď technické prostriedky na ich uskutočnenie v praxi neexistujú alebo nie sú k dispozícii ekonomické prostriedky.

O takmer tridsať rokov neskôr John Stewart Bell v článku s názvom „O paradoxe Einstein-Podolsky-Rosen" podporil Einsteinove myšlienky.

Bell poukázal na to, že nelokálny charakter kvantovej mechaniky je nezlučiteľný s fyzickou realitou. Dospel k záveru, že ak sa to zdalo, bolo to preto, že štúdie neboli úplné.

Bell tvrdil, že určite chýbali výpočtové prvky, pretože bolo nemožné, aby zapletenie malo vlastnosti, ktoré mu boli pripisované.

Bellov článok však ponechal otvorenú možnosť overenia, pretože navrhol nový experiment, zjednodušenú verziu experimentu EPR, ktorý by sa mohol uskutočniť meraním polarizácie fotónov.

Možno to Bell nečakal, ale niekto ho vzal na slovo a navrhované experimenty sa uskutočnili. Od 80. rokov sa ich veľa uskutočnilo.

Všetky tieto experimenty poskytujú dôkazy o tom, že na kvantovej úrovni už nie je lokalizmus klasickej fyziky platný a preberajú ho lokálne vlastnosti. Predpovede týkajúce sa charakteristík spleti boli potvrdené v laboratóriu.

Experiment Alain Aspect.

Alain Aspect ako prvý prijal Bellovu výzvu a uskutočnil experiment, ktorý potvrdil „nelokálnosť" „zapletených" častíc.

Veci nešli tak, ako si mysleli Einstein a Bell. V roku 1982 Aspect zverejnil svoje výsledky, ktoré definitívne určili, ako bola kvantová realita riadená nelokalitou.

Aspektov experiment spočíval v stimulácii atómu tak, aby emitoval dva fotóny nasmerované rôznymi smermi. Ako zdroj fotónov použil zväzok atómov vápnika. Atómy boli excitované laserom, ktorý nútil elektrón z každého atómu skákať o dve obežné dráhy dovnútra.

Keď elektrón znížil potrebnú energiu, keď sa priblížil k jadru o dve úrovne, emitoval pár fotónov, teda dve kvantá svetla.

Tieto fotóny narodené z rovnakého kvantového skoku, tj. Z rovnakého elektrónu, sa nazývajú „korelované fotóny". Môžeme ich považovať za dve dvojčatá narodené spolu z tej istej matky.

Tieto dva dvojité fotóny sa správajú podľa charakteristík nelokality, o ktorých sme hovorili v predchádzajúcich kapitolách, a potvrdzujú nelokalitu kvantovej úrovne.

Nelokalita znamená, že na tejto úrovni už neexistuje ani čas, ani priestor: energia a informácie necestujú vopred určenou rýchlosťou, nanajvýš rýchlosťou svetla.

V skutočnosti vôbec necestujú: sú tu aj tam súčasne. Žijú tiež večne „teraz“, pretože na nelokálnej úrovni neexistuje predtým a potom. Ak chceme byť presní, nie je tu ani „teraz“.

Tieto úžasné vlastnosti objasňujú, prečo má teória takzvaného „kvantového zapletenia“ toľko ťažkostí, aby sa presadila.

Dnes, asi o tridsať rokov neskôr, sa experiment Alaina Aspecta opakoval nespočetnými spôsobmi a príležitosťami. Prišlo k vytvoreniu „zapletenia“ nielen medzi dvoma, tromi alebo viacerými časticami, ale nedávno medzi miliónmi častíc.

Princíp kvantového zapletenia.

Ak pozorujeme dva spoločne vytvorené fotóny, všimneme si, že medzi nimi udržiavajú tajomné puto, akoby to boli dve ľudské dvojčatá. Ale nie celkom ako dve ľudské dvojčatá: oveľa viac.

Podľa fyzikálnych pravidiel môže mať každý fotón hodnotu, ktorá sa nazýva „spin“. Na matematickej úrovni sa hodnota rotácie dvoch fotónov rovná „jednej polovici“ a môže byť kladná (+1/2) alebo záporná (-1/2).

To sú opačné hodnoty. Aby sme sa lepšie pochopili, uvedieme príklady predstavením si, že dva fotóny sa nazývajú Peter a Antoinette, to znamená, že sú jeden muž a druhý žena.

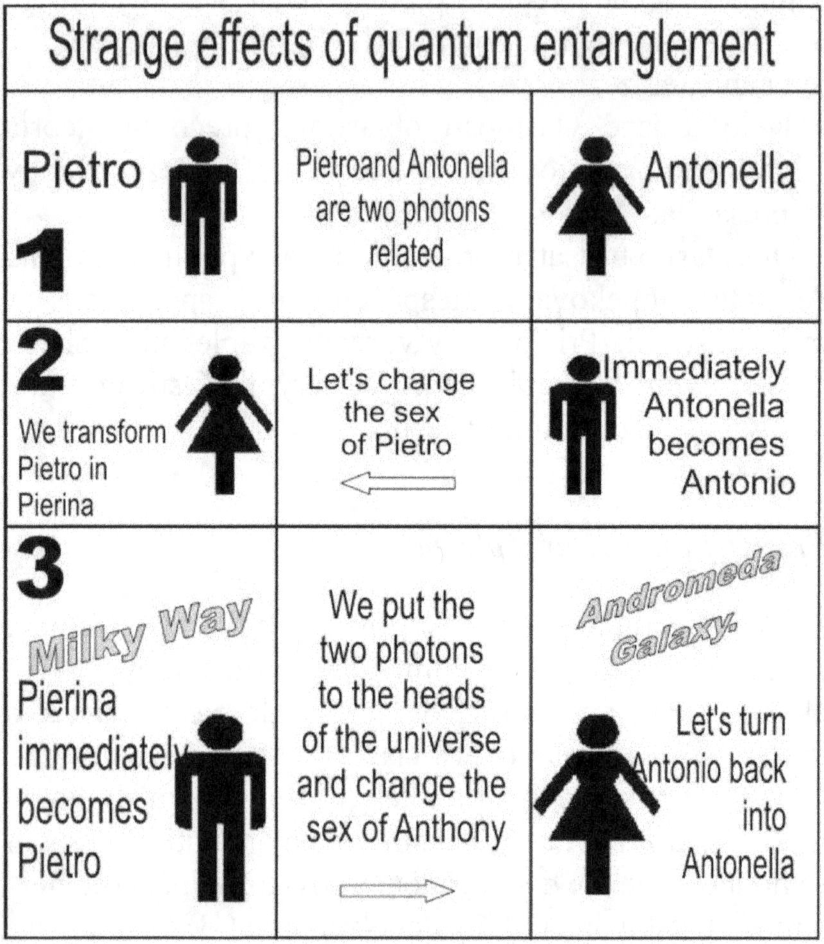
Strange effects of quantum entanglement
Pietro
1
Pietroand Antonella are two photons related
Antonella
2
We transform Pietro in Pierina
Let's change the sex of Pietro
Immediately Antonella becomes Antonio
3
Milky Way
Pierina immediately becomes Pietro
We put the two photons to the heads of the universe and change the sex of Anthony
Andromeda Galaxy.
Let's turn Antonio back into Antonella

Obrázok 35. Dva príbuzné fotóny, aj keď sú oddelené obrovskými vzdialenosťami, sa naďalej správajú, akoby boli jedným. Potvrdzuje sa tak nelokalita reality zvanej „zapletená", ktorá nepodlieha pravidlám času a priestoru.

1 Pietro a Antonella sú dva príbuzné fotóny

2 Zmeňme pohlavie Pietra, ktorý sa stáva Pierinou. Antonella okamžite zmení pohlavie a stane sa z neho Antonio.

3 Dali sme dva fotóny na vzdialené konce vesmíru a zmenili sme Antoniove pohlavie. Antonio sa stáva Antonella. Zároveň na druhom konci vesmíru Pierina mení pohlavie a stáva sa Pietrom.

Po generácii dva fotóny odchádzajú v dvoch opačných smeroch, každý sám. Nateraz jedinou väzbou, ktorú pripisujeme týmto dvom fotónom, je to, že sa narodili z rovnakého otca (alebo matky, ak chcete) elektrónu. Hovorí sa teda o nich, že sú „príbuzné“.

Čo sa stane, ak prinútime Pietra zmeniť pohlavie tak, aby sa z neho stala Pierina?

Antonietta okamžite zmení pohlavie a stane sa Antoniom!

Možno si myslíte: Elementárne, Antonietta mala k Pietrovi veľmi blízko, takže si to všimla a v reakcii na šok zmenila aj svoje pohlavie.

Ale ak zopakujeme experiment, ktorý tu drží Pierinu a presunie muža Antonia na druhý koniec sveta, stane sa to isté.

Potom môže pozorovateľ namietať:

- Ak však bol Antonio na druhom konci sveta, zmenu si všimne až po určitom čase.

Omyl. Antonio mení pohlavie súčasne s Pierinou. Neexistuje žiadne oneskorenie. Nezáleží na tom, v akej vzdialenosti sa nachádzajú vo vesmíre. (Pozri obr. 35).

Promiskuitné návyky zapletených fotónov.

Poďme si teraz predstaviť, že Pietro musí ísť na služobnú cestu. Antoniettu nechá doma samu. Na svojej ceste stretne Luiginu, ktorá je súčasťou iného páru. Luigina je v skutočnosti „zapletená“ s Marcom.

Ako to tak býva, zároveň je Marco tiež veľmi ďaleko od Luiginy. (Pozri obr. 36). Bude to sympatia, bude to vzdialenosť, Pietro a Luigina sa navzájom „zamotajú".

Myslíte si, že Antonella a Marco budú trpieť zradou a budú sa hnevať na žiarlivosť? Vôbec nie. Antonella sa okamžite „zamotá" do Marca, aj keď ho v živote nevidela.

Takže ak zmeníme Antonellovo pohlavie tým, že sa z nej stane Antonio, z Marca sa stane tiež Marcella, z Pietra Pierina a z Luiginy Luigi.

Komplikované? Pravdepodobne áno, ale tak to funguje medzi časticami.

Našťastie hovoríte, že sa to deje iba medzi dvoma príbuznými časticami. Samozrejme, ale v skutočnosti sú všetky častice vesmíru spojené, pretože všetky pochádzajú z rovnakého Veľkého tresku.

To je dôvod, prečo v nelokálnom vesmíre je všetko jedno, nič nie je nezávislé. Všetci sme spojení s celým vesmírom. Na nelokálnej úrovni neexistujú žiadne vedomostné bariéry ani časové bariéry. Na inom ako lokálnom mieste sú všetky poznatky o vesmíre k dispozícii súčasne.

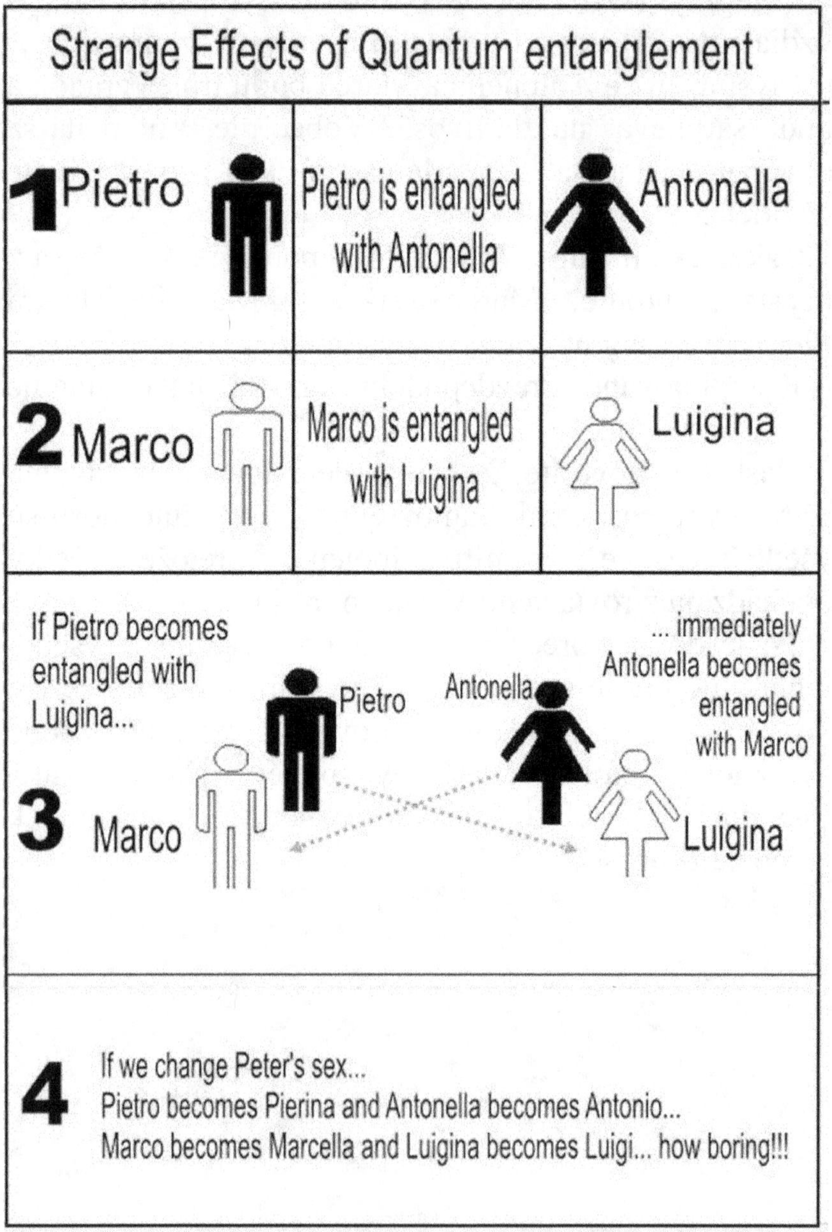
Strange Effects of Quantum entanglement
1 Pietro
Pietro is entangled with Antonella
Antonella
2 Marco
Marco is entangled with Luigina
Luigina
If Pietro becomes entangled with Luigina...
... immediately Antonella becomes entangled with Marco
3
Pietro
Antonella
Marco
Luigina
4
If we change Peter's sex...
Pietro becomes Pierina and Antonella becomes Antonio...
Marco becomes Marcella and Luigina becomes Luigi... how boring!!!

Obrázok 36. Zvláštne účinky zapletenia. Zapletenie medzi viac ako dvoma príbuznými fotónmi.

1 Pietro je zapletený s Antonellou

2 Marco je zapletený s Luiginou.

3 Ak sa Peter zamotá do Luiginy, Marco sa okamžite zamotá do Antonelly.

4 Ak zmeníme Pietrovo pohlavie ... Pietro sa stane Pierinou, Anronella sa stane Antoniom, Marco sa stane Marcellou. Luigina sa stáva Luigi.

Všetko jasné?

Sme ponorení do tohto univerzálneho poznania a sme jeho súčasťou. Nie je nezvyčajné, že omrvinky tohto poznania skĺzli z nelokálneho do našej vedomej mysle. Otázka, ktorú si mnohí kladú, znie: spôsobujú všetky tieto častice, ktoré „menia pohlavie“, nejakú reakciu vo vesmíre? Rozhodne nie.

To, čo sme ako príklad navrhli ako zmenu pohlavia, je v skutočnosti zmena rotácie, to znamená obrátenie smeru otáčania.

V akomkoľvek smere sa častice otáčajú, neprodukujú významné účinky na fungovanie vesmíru, pokiaľ sa stále otáčajú.

Zaviedli sme niekoľko dohovorov. Preto sa veci musia otočiť v určitom zmysle, len preto, že sme zvyknutí, že ich vidíme takto sa otáčať. Predstavte si kuchára, ktorý otáča majonézu sprava doľava, alebo iného kuchára, ktorý ju otáča zľava doprava. Myslíte si, že sa niečo zmení na konečnom výsledku?

Ak vláda zrazu rozhodne, že hodinové ručičky by sa mali otáčať proti smeru hodinových ručičiek, postupuje čas inak?

Dôsledky „kvantového zapletenia".

Zapletenie je tu všetko, ale pozrime sa, aké to bude mať následky. Prvým je, že najdôležitejšie viery tradičnej fyziky sú odstránené.

1 - „! Kvantové zapletenie" rozkladá determinizmus

„! Kvantové zapletenie" odbúrava determinizmus, teda mechanické fungovanie vesmíru.
Kauzalita, ktorá je základnou vlastnosťou klasickej fyziky, stanovuje, že informácie, aby sa mohli pohybovať medzi dvoma telesami, musia byť prenášané fyzickým médiom.
Rýchlosť správy navyše nikdy nepresiahne rýchlosť svetla, ktorá je 300 000 kilometrov za sekundu. Ale v spleti nie sú žiadne drôty, ktoré by spájali Pietra a Antonellu. Ďalej sa dejú v rovnakom okamihu, to znamená, že informácie cestujú oveľa rýchlejšie ako svetlo.

2 - Kvantové zapletenie demontuje šípku času

Medzi činom a jeho reakciou musí uplynúť zlomok času, dokonca aj minimálny, pretože najskôr sa stanú fakty a potom nastanú následky. Ale odpovede Antonelly na Pietra (alebo naopak) netrvajú dlho, dejú sa v rovnakom okamihu.

3 - V tejto lokalite nie je priestor a čas

Elementárne častice žijú v dimenzii, v ktorej čas a priestor neexistujú: sú navzájom zamotané mimo priestor a čas.

Ako je to možné? Ako si Antonella a Pietro všimnú zmenu v druhej častice, odkiaľ pochádza a ako sa tieto vedomosti formujú?
Jedna z odpovedí predpovedá, že tieto dve časti sú oddelené iba zdanlivo, ale naďalej zostávajú také, aké boli v elektróne, ktorý ich generoval.
Alebo napriek tomu, že sú oddelené, spája ich jedna veľká univerzálna Myseľ, aby mohli komunikovať, akoby boli stále zjednotení v elektróne, z ktorého sa narodili. Nemajú dve samostatné „mysle“, ale sú súčasťou tej istej „mysle“. Non-miestna úroveň je veľká, jediná myseľ vesmíru.

The three levels of reality or cosmology of reality.		
1	2	3
Physical level or physical cosmos.	Quantum level or quantistic cosmos.	Non-local level or psychic cosmos

Level of things subject to the rules of time and space.	Middle Earth. Things subject to non-locality rules.	Level of pure psyche not subject to the rules of time and space.

Obrázok 37. Tri úrovne reality. S odvolaním sa na experimentálne výsledky spletenia môžeme s istotou potvrdiť existenciu troch úrovní reality. Z týchto úrovní sme ešte pred niekoľkými desaťročiami poznali iba prvú.

1 Fyzická úroveň alebo „vesmír vyrobený z hmoty“.

Táto úroveň musí dodržiavať zákony newtonovskej fyziky.

2 Kvantová hladina subatomárnych častíc. (Stredný svet). Elementárne častice hmoty nedodržiavajú zákony newtonovskej fyziky.

3 Úroveň „nelokality“. Táto úroveň je čisto psychická a neriadi sa nijakým zákonom hmoty.

Šiesta časť. Mimozmyslové vnímanie.

“Science cannot solve the ultimate mystery
of nature. And that is because, in the last analysis,
we ourselves are a part of the mystery
that we are trying to solve.”
(Max Planck, initiator of quantum physics)

"Veda nemôže vyriešiť najhlbšie tajomstvo prírody."
A to preto, lebo nakoniec sme my sami súčasťou
tajomstva
ktoré sa snažíme vyriešiť. “
(Max Planck, iniciátor kvantovej fyziky)

Keď už hovoríme o mimozmyslových vnímaniach, môžeme položiť hlavne tri otázky:

- Skutočne existujú?
- Ako sa vyskytujú?
- Čo to vlastne je?

Ak vezmeme do úvahy všetko, čo sme doteraz povedali, k prvým dvom otázkam už toho veľa nezostáva. Je zrejmé, že mimozmyslové vnímanie skutočne existuje. Vyskytujú sa ako epizódy komunikácie medzi jednotlivými svedomiami a nelokálnou úrovňou.

Šiesty a siedmy zmysel.

Od čias Aristotela sa nám vždy hovorilo, že ľudské telo má päť zmyslov: zrak, sluch, hmat, chuť, čuch. Sú to tie zmysly, ktoré nám umožňujú fyzicky sa spojiť s okolitým svetom a získať užitočné informácie na prežitie.

V ľudovej múdrosti existuje aj „šiesty zmysel". Šiesty zmysel nepotrebuje na vykonávanie svojej práce fyzických sprostredkovateľov (ruky, jazyk, oči atď.). Robí to však veľmi dobre. Ide o intuíciu.

Intuícia je to množstvo vedomostí, ktoré sme získali v našich životných skúsenostiach, a dokáže nám pomerne často navrhovať, čomu môžeme dôverovať a čomu nie. umožňuje rozhodnúť sa, čo by sa malo urobiť a čo nie. V konečnom dôsledku nám pomáha pochopiť, ako čo najmenej riskovať tvárou v tvár neistým situáciám.

Čím väčšie sú naše skúsenosti, tým viac intuície funguje. Preto intuícia, ak ju na jednej strane možno považovať za mimozmyslovú, pretože nie je sprostredkovaná žiadnym fyzickým orgánom, na druhej strane to nie je z dvoch dobrých dôvodov.

Prvým je, že k našim poznatkom nepridáva neznáme a vonkajšie poznatky. Jednoduchšie, prepracováva informácie, ktoré už máme. Druhým dôvodom je, že intuíciu sprostredkuje náš mozog, ktorý má svoju vlastnú fyzickú konzistenciu

Obrázok 38. Carl Gustav Jung formuloval teóriu archetypov a kolektívneho nevedomia.

Preto šiesty zmysel racionálne funguje na známych dátach.

Namiesto toho v našom vedomí funguje „siedmy zmysel“. Tento zmysel spracováva informácie úplne iracionálnym a nepredvídateľným spôsobom. Toto je informácia, ktorá nám nikdy neprešla mozgom. To znamená, že siedmy zmysel nás zoznamuje s realitami, ktoré sú nášmu každodennému životu a našim skúsenostiam úplne cudzie.

Kozmos.

Pojem „vesmír“ vo filozofii znamená usporiadaný alebo harmonický systém. Pôvodom slova je grécky kósmos, čo znamená poriadok. Vo vedeckom jazyku sa vesmír považuje za synonymum vesmíru.

Kozmológia študuje hmotnú štruktúru a zákony riadiace vesmír koncipované ako usporiadaný celok. Vo filozofickej oblasti sa zaujíma o vesmír vo vzťahu k priestoru, času a hmote.

Kozmológia má svoj historický pôvod v náboženských rozprávaniach zaoberajúcich sa pôvodom všetkých vecí a vo veľkých predmoderných filozoficko-vedeckých systémoch, ako je napríklad Ptolemaiovský systém.

Moderná astronomická kozmológia je na druhej strane veda, ktorá študuje vesmír ako celok, jeho vznik a vývoj. V tomto zmysle je úzko spätý s filozofickou kozmológiou, ale smeruje k náprave mnohých metafyzických alebo náboženských teórií o počiatkoch sveta.

Kozmológia je v súčasnosti fyzikálna veda, v ktorej sa zbiehajú rôzne disciplíny, ako napríklad astronómia, astrofyzika, časticová fyzika a všeobecná teória relativity.

V tejto knihe hovoríme o vesmíre tým, že v tomto termíne zhromažďujeme všetky reality:

- viditeľný vesmír (fyzický vesmír)
- úroveň elementárnych častíc (kvantový vesmír)
- úroveň nelokality (psychický vesmír).

Definícia mimozmyslového vnímania.

Termín siedmy zmysel môže dobre definovať niektoré vlastnosti známe vedeckejšie ako mimozmyslové vnímanie alebo ESP (skratka pre Extra zmyslové vnímanie). Sú to:

Pokročilé znalosti alebo schopnosť predpovedať budúcnosť.

Jasnovidectvo alebo schopnosť vizuálne vnímať veci, ktoré bežne nie sú viditeľné.

Telepatia alebo schopnosť komunikovať prenášaním myšlienok.

Študijný odbor mimosmyslové vnímanie sa bežne nazýva parapsychológia.

Tieto schopnosti sa často považujú za „informácie, ktoré prúdia zvonku do vnútra mysle“.

Iný druh ESP, telekinéza, sa považuje za „informáciu, ktorá prúdi von z mysle“.

Telekinéza v skutočnosti spočíva v schopnosti ovplyvňovať hmotu silou mysle a vyjadruje sa fyzikálnymi javmi, od levitácie cez bilokáciu po ohýbanie kovových predmetov, teleportáciu, cestovanie v čase.

Pokiaľ ide o predvídanie, jasnovidectvo a telepatiu, bolo vykonaných veľa štúdií, najmä v 19. a 20. storočí, aby sa overila ich zhoda s realitou. Najpopulárnejšou experimentálnou overovacou metódou bol takzvaný ganzfeldov experiment.

Ganzfeldov experiment.

„Ganzfeld“ je nemecký výraz, ktorý znamená „jednotné pole“. Tento termín vytvoril v roku 1930 nemecký psychológ Wolfgang Metzer a jeden zo zakladateľov berlínskej Gestaltovej školy. Označuje percepčné pole skonštruované experimentálnymi metódami na vytvorenie optimálnych podmienok pre štúdium extrasenzorických vnemov.

V jednom ganzfeldovom experimente mala testovaná osoba cez uši slúchadlá, v každom oku polovicu pingpongovej loptičky. Zo slúchadiel vychádza biely šum. Intenzívne červené svetlo je umiestnené pred tvárou, ktorá filtruje cez pingpongové loptičky. Týmto

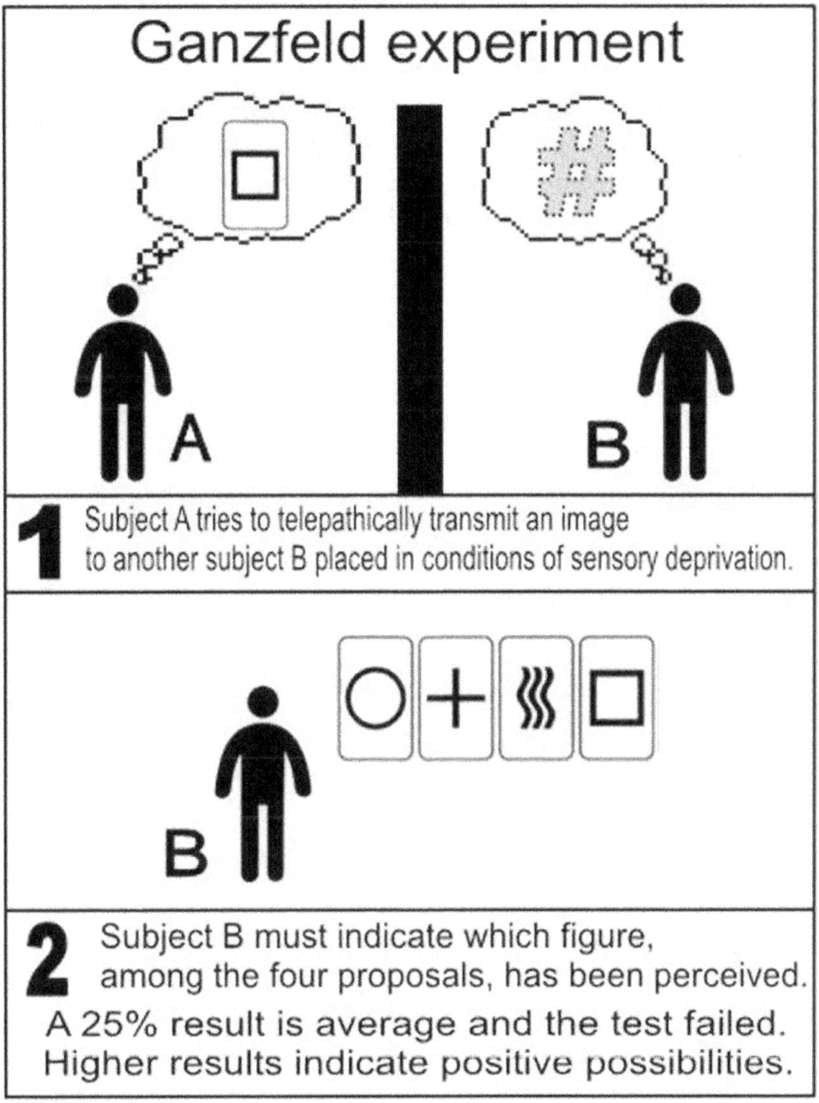
Ganzfeld experiment
A
B
1
Subject A tries to telepathically transmit an image
to another subject B placed in conditions of sensory deprivation.
B
2
Subject B must indicate which figure,
among the four proposals, has been perceived.
A 25% result is average and the test failed.
Higher results indicate positive possibilities.

Obrázok 39. Vývojový diagram typického ganzfeldovského experimentu.

1 - Dobrovoľník A sa snaží telepaticky preniesť obraz na dobrovoľníka B. Dvaja dobrovoľníci sú umiestnení v rôznych miestnostiach. K dispozícii sú štyri obrázky.

2 - Dobrovoľník B musí uviesť, ktorú postavu vnímal. Priemerný výsledok by mal byť 25%. Test je úspešný, iba ak je výsledok vyšší ako 25%.

spôsobom chceme zabezpečiť izoláciu od možného vonkajšieho rozptýlenia.

Po určitom čase strávenom v tomto stave sa urobí pokus o prenos obrázkov na subjekt mimozmyslovým kanálom, napríklad pomocou telepatie.

Zatiaľ čo sa osoba nachádzajúca sa na inom mieste zameriava na prenášaný obraz, prijímajúca osoba popisuje, čo vidí vo svojej mysli.

Na konci pokusu o prenos režisér ukáže subjektu štyri obrázky a požiada ho, aby naznačil ten, ktorý je najbližšie k prijatému obrazu. (Pozri obr. 39).

V týchto prípadoch by štatistická úspešnosť bola 25% (každý štvrtýkrát). Ak teda príjemca odhadne obraz v 25% prípadov, výsledok sa rovná štatistickému priemeru a experiment zlyhal.

CICAP (Taliansky výbor pre kontrolu tvrdení o pseudovede), pokiaľ ide o tieto experimenty, na svojej webovej stránke píše:

> "In the first ganzfeld experiments the success rate was 33-34%. We then found ourselves faced with a statistical anomaly which, according to some, proves the existence of non-normal channels of information communication"

> *„V prvých ganzfeldových experimentoch bola úspešnosť 33-34%. Boli sme preto konfrontovaní so štatistickou anomáliou, ktorá podľa niektorých dokazuje existenciu nie „bežných“ kanálov informačnej komunikácie. “.*

V roku 1994 Bern a Honorton publikovali článok s názvom „Existuje mimozmyslové vnímanie?

Opakovateľná skúška abnormálneho procesu prenosu informácií ".

Tieto závery boli neskôr široko kritizované inými vedcami.

Vo všetkých experimentoch týkajúcich sa psychického poľa je totiž vždy problém opakovateľnosti. Závisí to od skutočnosti, že emocionalita zohráva svoju úlohu rozhodujúcim spôsobom, ako sme už videli v kapitole 9.

Akýkoľvek kontakt s nemiestnym je podporovaný konkrétnymi stresovými podmienkami alebo kritickými momentmi v živote. Vieme, že fenomén telepatie je absolútne častejší u ľudí, ktorých spája silné priateľské či príbuzenské puto, ktoré dosahuje vrchol medzi matkami a deťmi.

Namiesto toho sú v experimentoch často neznámi ľudia požiadaní, aby „chladne“ zdieľali obrázky, ktoré za normálnych okolností nemajú emocionálny význam.

Ďalší problém pochádza zo zvyku a závislosti. Ľudia, ktorí neustále opakujú ten istý experiment, sa cítia čoraz menej zapojení. To znamená, že ľudia nakoniec podľahnú nude.

Telepatia

Telepatia, nazývaná aj prenos myšlienok, je schopnosť komunikovať s mysľou bez použitia iných nástrojov alebo zariadení, ktoré vytvárajú fyzické spojenie medzi zúčastnenými ľuďmi. Termín pochádza z dvoch gréckych slov. Prvým je „tele“, čo znamená vzdialený. Druhým je „patheia“, čo znamená cítenie, vnímanie.

Telepatia je v podstate o tom, že dvaja fyzicky oddelení ľudia sa môžu navzájom kontaktovať. Deje sa tak bez ohľadu na vzdialenosť alebo okolnosti.

Táto schopnosť zdieľať emócie a pocity na diaľku je silne spochybňovaná materialistickou vedou. V skutočnosti je telepatia v rozpore s predpokladom, že nič neexistuje mimo mozgu: myšlienky, emócie, túžby a všetko psychické sa rodí v lebke a umiera na tom istom mieste.

Podľa materialistickej vedy neexistujú žiadne „myšlienky“ schopné prechádzať z jedného mozgu do druhého. Akákoľvek skúsenosť s telepatiou sa v najbenevolentnejšom prípade považuje za ilúziu. Často, ak je niekto svedkom epizód telepatie, je považovaný za obeť schizoidnej poruchy osobnosti.

Napriek tomu mnohí ľudia tvrdia, že mali telepatické zážitky. V rôznych prieskumoch uskutočnených v USA alebo Spojenom kráľovstve 40 až 60 % respondentov uviedlo, že mali osobné telepatické skúsenosti.

Zdá sa, že existujú dva typy telepatie. Prvý typ je ten, ktorý sa vyskytuje medzi fyzicky blízkymi ľuďmi, ktorí sa navzájom poznajú a už spolu interagujú. Ide o klasický prípad, keď jeden povie druhému: „Prečítaš mi myšlienky", čo znamená, že jej zámer bol dokonale pochopený a rozlúštený.

Druhý prípad sa týka dvoch fyzicky vzdialených ľudí. Nastáva vtedy, keď jeden počuje „volanie" toho druhého. Toto volanie môže byť myšlienka, ktorá ich spája, alebo jej obraz. Niekedy sa hovor uskutoční počutím hlasu volajúceho. Stáva sa to väčšinou medzi ľuďmi, ktorí majú úzke väzby, najmä keď sa prejavujú podmienky núdze alebo nebezpečenstva.

Experimenty Josepha Rhina.

Klasické experimenty v telepatii sa vykonávajú prostredníctvom kresieb. Osoba umiestnená v izolovanej miestnosti si vyberie predmet a urobí si jeho náčrt. Potom sa sústredí na odovzdanie vyrobenej figúry prijímajúcej osobe umiestnenej v inej miestnosti.

Táto druhá osoba sa snaží prijať a zopakovať postavu, ktorá jej bola prenesená. Na konci sa obrázky porovnajú, aby sa identifikovali všetky spoločné aspekty.

Prvé štúdie o telepatii uskutočnila Britská spoločnosť pre psychický výskum koncom 19. storočia.

V roku 1930 bolo na Duke University v Durhame v USA vytvorené prvé parapsychologické laboratórium, v ktorom robil experimenty so Zenerovými kartami známy Joseph Rhine.

Rhine ako prvý aplikoval experimentálne a štatistické metódy pri hľadaní existencie prenosu z mysle do mysle alebo telepatie, ktorú nazval mimozmyslové vnímanie. Je určite jedným z priekopníkov parapsychológie.

Zenerove karty sú špeciálnym typom kariet navrhnutým psychológom Karlom Zenerom, ktorý má používať Joseph Rhine pri svojich experimentoch.

Balíček sa skladá z 25 obdĺžnikových kariet ako bežné hracie karty. Sú rozdelené do piatich skupín nesúcich znak: Kruh, Kríž, Štvorec, Hviezda a Vlna. Balíček obsahuje 5 rovnakých skupín. (Pozri obr. 40).

Experiment Josepha Rhina bol založený na dvoch ľuďoch. Jedna požiadala druhú, aby uhádla kartu, ktorú ťahala z balíčka. Pri pokusoch o predpovedi ani jeden z nich nepoznal kartu, ktorá zostala otočená chrbtom

Namiesto toho pri experimentoch s telepatiou prvý zo subjektov videl, o akú kartu ide, a pokúsil sa ju v duchu odovzdať druhej osobe.

Prirodzene boli dvaja ľudia umiestnení v rôznych miestnostiach.

Podľa štatistickej hypotézy a podľa zákona veľkých čísel musí byť pravdepodobnosť uhádnutia karty v balíčku okolo 20 % (1 ku 5).

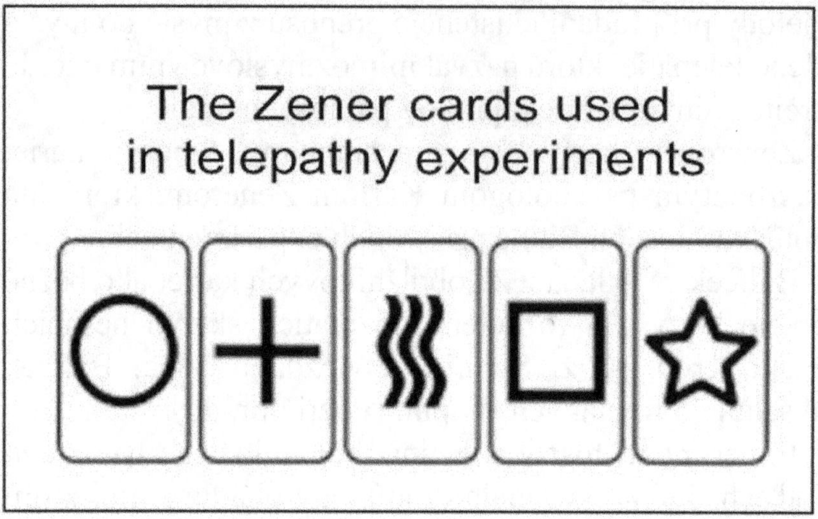

Obrázok 40. Zenerove karty, používané v mnohých experimentoch v parapsychologickej oblasti. Ide o sériu piatich symbolov opakovaných päťkrát, spolu 25 kariet.

Joseph Rhine však dosiahol výrazne väčšie odchýlky ako toto percento. Výsledky jeho výskumu boli publikované v roku 1940 v knihe známej ako ESP-60, ktorú Harwardova univerzita prijala ako učebnicu pre kurzy psychológie.

Experimenty Uptona Sinclaira.

Upton Beall Sinclair sa narodil v Baltimore v roku 1878. Žijúc uprostred neustálych ekonomických ťažkostí bol od mladosti tlačený k socialistickým ideálom. Obrovský úspech dosiahol románom „Džungľa" o škandalóznej situácii robotníkov na chicagských trhoch s dobytkom.

Knihu komentoval Jack London „príbeh chaty strýka Toma sa opakuje". Recenzoval ho Churchill a dostal slová vrúcneho obdivu od Bernarda Shawa.

V roku 1930 spolu so svojou druhou manželkou Mary Craig Sinclair uskutočnil parapsychologické experimenty týkajúce sa duplikácie obrazov prostredníctvom telepatickej komunikácie.

Vo svojej knihe Mentálne rádio (pozri obr. 41) opisuje uskutočnené experimenty. Jeho kniha mala veľký úspech. Nemecké vydanie obsahovalo predslov Alberta Einsteina, ktorý znel takto:

Obrázok 41. Upton Sinclair a obálka jeho knihy Mental Radio vydanej v roku 1930 s predslovom Alberta Einsteina..

"I have read the book of Upton Sinclair with great interest and am convinced that the same deserves the most earnest consideration, not only of the laity, but also of the psychologists by profession. The results of the telepathic experiments carefully and plainly set forth in this book stand surely far beyond those which a nature investigator holds to be thinkable. On the other hand, it is out of the question in the case of so conscientious an observer and writer as Upton Sinclair that he is carrying on a conscious deception of the reading world; his good faith and dependability are not to be doubted. So, if somehow the facts here set forth rest not upon telepathy, but upon some unconscious hypnotic influence from person to person, this also would be of high psychological interest. In no case should the psychologically interested circles pass over this book heedlessly".

„S veľkým záujmom som si prečítal knihu Uptona Sinclaira a som presvedčený, že si zaslúži tú najvyššiu pozornosť nielen laikov, ale aj profesionálnych psychológov.

Výsledky telepatických experimentov, starostlivo a jasne vysvetlené v tejto knihe, určite presahujú rámec toho, čo by si vedec mohol myslieť, že je mysliteľné. Na druhej strane neexistuje možnosť, že by seriózny spisovateľ, akým je Sinclair, úmyselne klamal vo svojom výklade sveta.

O jeho dobrej viere a spoľahlivosti nemožno pochybovať. Preto, ak fakty, ktoré vysvetľuje, nie sú založené na telepatii, ale na nejakom hypnotickom vplyve, ktorý je človeku neznámy, stále by to bolo veľmi psychologicky zaujímavé. Kruhy, ktoré sa zaujímajú o psychológiu, by tento text rozhodne nemali ignorovať.".

Figura 42. René Warcollier, ingegnere e parapsicologo francese, e la copertina del suo libro di successo Mind to Mind, (Da mente e mente) sui suoi esperimenti telepatici, pubblicato nel 1948 ma ristampato ancora oggi.

Týchto pár slov od Einsteina je veľmi jasným príkladom toho, čo môže odlíšiť vedca s bystrým rozumom od masy priemerných myslí. Einsteina vždy oživovala hlboká zvedavosť a smäd po poznaní. Nič a priori nevylučoval, no každopádne sa nevzdal skúmania, experimentovania.

To ho viedlo k rozvoju teórií, ako je teória relativity, ktoré si nikto nepredstavoval a v ktoré by nikto neveril okrem niekoho ako on, mysle bez predsudkov.

S rovnakým kritériom Einstein a priori neodmietol dôsledky kvantovej fyziky. Vymyslel experiment EPR, aby si overil, aké skutočné to bolo aj mimo jeho pochybností.

Experimenty Reného Warcolliera.

Warcollier sa narodil 8. apríla 1881 v Omonville-la-Rouge v Paríži. Titul chemického inžinierstva získal v roku 1903 na Ecole Nationale Supérieure de Chimie. Nechal si patentovať rôzne postupy súvisiace so syntetickou výrobou drahých kameňov a vytvoril špeciálne plátna na premietanie v kinách. Aktívne sa zaujímal o parapsychológiu natoľko, že bol prezidentom Institut Métapsychique International.

Jeho hlavné štúdie telepatie zahŕňali jeden alebo viacero „vysielačov“ pozorujúcich obraz, zatiaľ čo jeden alebo viac „prijímačov“ sa ho pokúšali reprodukovať.

Veľká časť jeho práce po roku 1922 zahŕňala mnohých odosielateľov a príjemcov rozmiestnených po území Francúzska; používal aj odosielateľov a prijímačov umiestnených v rôznych krajinách, ako je Francúzsko a Spojené štáty americké alebo Francúzsko a Veľká Británia.

Jeho experimentálna metóda bola oproti predchádzajúcim krokom vpred, pretože využívala kresby skutočných objektov. Warcollier teda zahodil štatistickú metódu a pokúsil sa získať priamy dôkaz o telepatii.

Tvrdil, že podľa jeho experimentov muži vysielajú myšlienky lepšie ako ženy, zatiaľ čo ženy sú lepšími prijímačmi. Uviedol tiež, že mladší ľudia sú citlivejší na duševné dojmy ako starší ľudia.

Jeho experimenty sa zameriavali na to, ako boli pôvodné obrázky vnímané ako skreslené alebo deformované príjemcami. Warcollier si uvedomil, že sa neprenášajú ako celé fotografie, ale rôzne zložky postavy boli roztrieštené a pomiešané.

Potvrdzuje to moderná neuroveda, spôsob, akým mozog vníma a rekonštruuje vizuálne obrazy. Podľa Warcolliera sa telepatické obrazy vynárajú z nevedomia do vedomia a tu sú spracované ako obrazy snov.

Preto dospel k záveru, že telepaticky prenášané obrazy sú skreslené a menej jasné ako tie, ktoré bežne vnímame očami.

Warcollier opísal svoje experimenty v mnohých publikáciách, najmä v 56 článkoch Revue Métapsychique. Boli tiež publikované v jeho početných knihách, vrátane „La Télepathie“ (1921) a „La Métapsychique“ (1940, 1946) a najmä „Mind to Mind“, vydanej v roku 1948. Táto kniha je dodnes vytlačená. (Pozri obr. 42)..

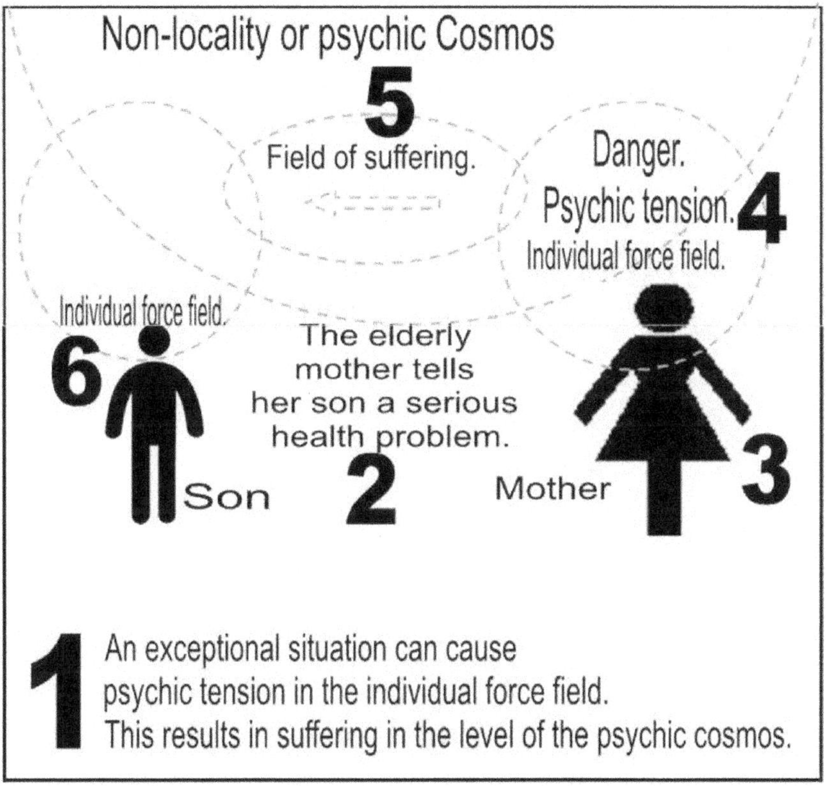
Non-locality or psychic Cosmos
5
Field of suffering.
Danger.
Psychic tension.
4
Individual force field.
Individual force field.
6
The elderly mother tells her son a serious health problem.
Son
2
Mother
3
1
An exceptional situation can cause psychic tension in the individual force field.
This results in suffering in the level of the psychic cosmos.

Obrázok 43. Ako môže dôjsť k telepatii. Individuálne silové pole matky je v napätí kvôli potenciálne nebezpečnej situácii. Utrpenie sa vytvára s individuálnym poľom dieťaťa, ktoré „prijíma hovor".

1 Výnimočná situácia môže spôsobiť napätie v individuálnom silovom poli. Toto napätie sa v psychickom kozme mení na utrpenie.

2 Staršia matka oznamuje svojmu dieťaťu zdravotný problém.

3-4 Psychické pole matky je v stave napätia

5-6 Prostredníctvom nelokality sa matkino pole utrpenia prenáša na dieťa.

Kvantové zapletenie a telepatia.

Všetky experimenty, ktoré sme opísali, sú len niektoré z najznámejších. Boli vedené vedcami, ktorí ešte nepoznali kvantové zapletenie.

Potvrdenie kvantového zapletenia umožňuje všetky predpoklady o nelokálnej realite, teda o psychickom kozme, v ktorom môžu myšlienky a myšlienky voľne cirkulovať. Cirkulácia môže prebiehať aj vo forme telepatických prenosov.

Môžeme si predstaviť silové pole spojené s každým človekom, ktoré spája jeho fyzickú realitu, teda jeho myseľ a vedomie, s psychickým kozmom, kde môže prísť do kontaktu so všetkými silovými poľami vesmíru.

Čím viac sú dvaja ľudia prepojení, tým viac komunikujú ich silové polia. Tieto komunikácie, zrodené na našej fyzickej úrovni, pokračujú na nelokálnej úrovni, teda v psychickom kozme.

Pri všetkých experimentoch sa vždy zistilo, že fenomén telepatie je tým silnejší, čím viac medzi oboma ľuďmi existuje priateľské alebo príbuzenské puto, maximálne medzi matkami a deťmi.

Na obrázku 43 staršia matka prežíva ťažké chvíle v dôsledku nehody alebo vážnej choroby. Jeho individuálne silové pole, nabité napätím, dodáva energiu a vysiela alarm do individuálneho poľa dieťaťa.

Medzi týmito dvoma tábormi vzniká pole utrpenia. Dieťa vníma vážnu situáciu ako „volanie“, ktoré môže byť vyjadrené rôznymi spôsobmi: počuje hlas matky, vidí ho, vidí nebezpečnú situáciu v detailoch, vidí symbolický obraz, ktorý ho núti predstaviť si nebezpečenstvo.

Rovnaká situácia je veľmi častá aj medzi dvojčatami. Existuje veľa prípadov dvojčiat, ktoré, aj keď sa po narodení oddelili, zaznamenali vo svojom správaní v živote neuveriteľné podobnosti. Mnohí veria, že ide o kuriózne, ale možné náhody.

Ako príklad môžem uviesť prípad dvojčiat z Ohia (USA), Jima Lewisa z Daytonu a Jima Springera z Limy, ktorí boli pri narodení oddelení a nepoznali sa. Zoznam zápasov je skutočne veľmi bohatý. Informujú o tom dvaja učenci, ktorí sa o prípad zaujímali, Colin Wilson a Damon Wilson v „Veľkej knihe nevyriešených záhad".

Obaja boli Jimovi pokrstení ich adoptívnymi rodičmi.
Obaja mali vo zvyku hrýzť si nechty a trpeli alebo trpeli migrénami.
Obaja fajčili rovnakú značku cigariet.
Obaja mali rovnakú vášeň pre DIY.
Obaja trávili prázdniny v rovnakej oblasti.
Obaja volali svoje deti James Allan.
Obaja mali psa menom Toy.
Obaja pracovali v McDonalde, na čerpacej stanici (nie z rovnakého reťazca) a ako pomocníci šerifa.
Obaja sa rozišli a znovu sa oženili.
Ich prvá a druhá manželka mali rovnaké mená (Linda a Betty).

Môj názor je, že vo svojom živote tieto dvojčatá pokračovali, možno nevedome, v udržiavaní telepatických vzťahov, ktoré ich viedli k prijatiu mimoriadne podobných životných rozhodnutí.

Zvláštne zmyslové zhody medzi dvojčatami.

Webová stránka CICAP uvádza príklady zmyslových zhôd medzi dvojčatami a definujú ich ako „rozhodne nápadné“.

> “These are cases, also decidedly sensational, presented both by pairs of twins MZ (*monozygotic*) still joined, and by twins always MZ naturally and voluntarily separated in adulthood. They usually take the form of unusual coincidences in the perception of sensations that seem to derive from experiences that only one of the twins is actually experiencing, but that the other also experiences without apparent reason. This is the case, for example, of the labor pains that appeared prematurely in one of the twins and were also perceived by the other (not pregnant) who was miles away and completely unaware of the event. Like the case of Thelma Furness, who had to face a premature birth while she was in Europe, while her twin in New York Gloria Vanderbilt, totally unaware of the emergency childbirth, felt severe abdominal pains. Or the sudden fall of a twin in conjunction with a similar accident that happened to the other that was several kilometers away. Like the case of Ross Mc Whirter, shot in the head in London on the evening of November 27, 1975, while his brother Norris, an identical twin who was 30 miles away, suffered severe headache at the same time”.
> (https://www.cicap.org/n/articolo.php?id=273421)

„Sú to rozhodne senzačné prípady, prezentované pármi dvojčiat MZ (monozygotných), ktoré sú ešte životne spojené, ale aj dvojčatami MZ oddelenými v dospelosti. Väčšinou sa prejavujú ako pocity, ktoré v skutočnosti prežíva len jedno z dvojčiat. Zažíva to však aj ten druhý bez zjavnej príčiny.
Ide napríklad o pôrodné bolesti, ktoré sa predčasne objavili u jedného z dvojčiat a

pociťovalo ich aj druhé (nie tehotné), ktoré bolo na míle vzdialené a o udalosti vôbec nevedelo.
Ako prípad Thelmy Furnessovej, ktorá čelila predčasnému tehotenstvu v Európe a jej dvojičky v New Yorku Glorie Vanderbiltovej. Gloria, ktorá si vôbec neuvedomovala predčasný pôrod, pociťovala silné bolesti brucha.
Alebo náhla nehoda jedného z dvojčiat, zatiaľ čo podobná nehoda sa stane aj druhému dvojčaťu, vzdialenému veľa kilometrov. Rovnako ako prípad Rossa Mc Whirtera, ktorého strelili do hlavy v Londýne večer 27. novembra 1975, zatiaľ čo jeho brat Norris, identické dvojča, ktoré bolo vzdialené 30 míľ, tiež trpel silnými bolesťami hlavy.

Individuálne silové pole.

Koncept individuálneho silového poľa, citovaný na obrázku 43, si zaslúži ďalšiu štúdiu.
Silové pole sa skladá z energie a informácií. V dôsledku toho silové pole človeka obsahuje jeho energiu a všetky informácie týkajúce sa jeho „Ega“ a „Ja“.
Tieto informácie sú jeho príbehom, jeho zážitkami, čím bol, čím je a čím bude. Energia je zložka, vďaka ktorej sú tieto informácie živé a operatívne. Energia a informácie

živej bytosti by nemohli existovať, keby táto osoba nemala fyzické telo.

V skutočnosti sú informácie dané prepletením, ktoré spája a prepletá vo veľkej jednote všetky častice, ktoré sú súčasťou jeho súčasného fyzického tela, ale aj tie, ktoré boli jeho súčasťou v minulosti.

Videli sme, ako dva fotóny „spolu narodené" ostávajú zviazané nefyzickým, ale psychickým putom, ktoré určuje také správanie, ako keby boli jedným, aj keď oddeleným.

Táto väzba platí nielen pre dve častice, ale pre všetky častice, ktoré sa nejakým spôsobom zrodili spolu, alebo v každom prípade úzko zdieľali svoj zrod a existenciu s ostatnými.

Všimli sme si, že všetka hmota vesmíru, zložená z častíc zrodených z počiatočnej explózie energie vo Veľkom tresku, sú navzájom prepojené, aby vytvorili anima mundi v nelokálnej dimenzii, veľkú univerzálnu myseľ. Táto myseľ sa skladá zo všetkých informácií a všetkej energie vesmíru.

Na najnižšej úrovni uvažujeme všetky častice, ktoré boli alebo budú súčasťou živej bytosti. Tie tvoria všetky jeho informácie a všetku jeho energiu. Dá sa povedať, že tvoria jeho osobné „Anima mundi". Možno len tvoria jeho dušu.

Na obrázku 44 je „Anima mundi" jednotlivého jednotlivca, ktorého podobenstvom môžeme jednoducho nazvať „duša", je absolútne osobný, pretože obsahuje všetky jeho informácie a históriu. Sú obsiahnuté v hmote, z ktorej sa skladá jeho telo, a sú spojené spletením, ktoré sa nedá rozpustiť.

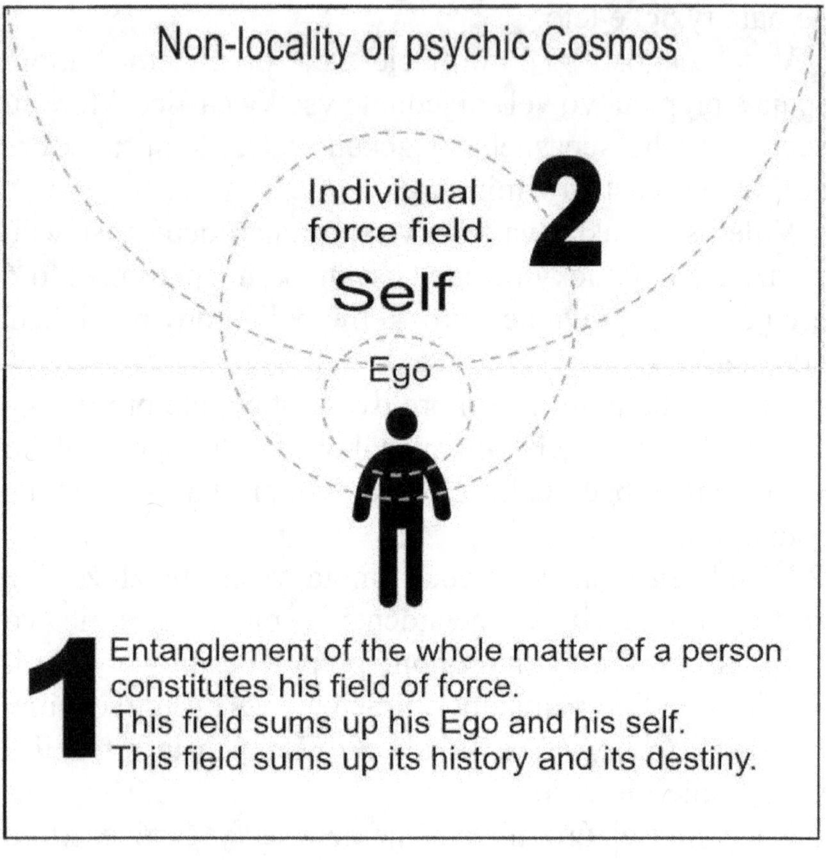

Obrázok 44. Silové pole akejkoľvek „veci" zloženej z hmoty je súčasťou psychického kozmu.

Korelácie (zapletenie) existujúce v hmote, z ktorej sa človek fyzicky skladá, tvoria jeho silové pole.

Toto silové pole predstavuje súčet jeho „EGA" a jeho „JA". Silové pole je kompendium jeho osudu, ktoré si sám konštruuje svojimi voľbami.

Každý tvor interaguje s viacerými poľami.

Pod pojmom „individuálny tvor“ tu rozumieme akúkoľvek agregáciu hmoty s vlastnou identitou, či už je to minerálna, rastlinná alebo živočíšna.

Rieka, sedmokráska alebo kobylka, rovnako ako človek, existujú v troch už naznačených úrovniach: fyzickej, kvantovej a psychickej a podieľajú sa na každej úrovni prostredníctvom toho, čo sme genericky nazývali silové polia, zložené z energií a informácií.

Obrázok 45 uvádza rôzne typy polí, na ktorých sa zúčastňuje každý tvor. Každé silové pole sa rozlišuje ako morfogenetické pole, morfické pole alebo individuálne silové pole. Je zrejmé, že môže existovať mnoho iných typov polí, niektoré sú známe pod rôznymi názvami v závislosti od autorov, ktorí ich navrhli, iné sú stále neznáme.

Morfogenetické pole obsahuje konštruktívny plán stvorenia. Tento projekt predstavuje proces, podľa ktorého sa rôzne chemické prvky, ktoré tvoria stvorenie, usporiadajú určitým spôsobom. Projekt musí umožniť rozvoj každého tvora podľa vlastností jeho druhu.

Toto pole interaguje s tvormi, keď sa vyvíjajú, a môžu byť ovplyvnené samotnými tvormi. Ide o nepretržitú interakciu. To vysvetľuje mutácie.

Morfické pole obsahuje psychické vlastnosti druhu: inštinkty, sklony, kultúrne a duchovné kvality. Toto pole sa líši aj druhmi a odrodou. Interaguje s jednotlivými tvormi.

Each creature interacts with many force fields.		
1	2	3
Morphogenetic field.	Morfic field	Individual force field.

Morphogenetic field leads the physical development in the various moments of growth.	Morfic field assures each species the correspondence to the psychological characters of the species.	Individual force field contains the personal story written by the individual himself.

Obrázok 45. Hlavné silové polia, ktoré sprevádzajú tvory počas ich existencie.

1 Morfogenetické pole riadi fyzický vývoj v rôznych štádiách rastu.

2 Morfické pole zabezpečuje, že každý jedinec je v súlade s psychologickými charakteristikami druhu.

3 Individuálne silové pole obsahuje osobnú históriu napísanú jednotlivcom.

Zvýšením kultúrnej evolúcie druhu sa tento nárast prenáša na nasledujúce prvky toho istého druhu. Morfické polia možno považovať za podobné archetypom, pretože aj ony už existujú individuálne stvorenia a tiež sa líšia podľa toho, ako sa druh vyvíja.

Jednotlivé silové pole obsahuje celú osobnú históriu tvora. To sa líši od všetkých ostatných tvorov rovnakého druhu. Je to príbeh budovaný každodenným prežívaním podľa variácií spôsobených vonkajšími udalosťami. V prípade ľudí je to vďaka slobodnej vôli.

Individuálne silové pole je úzko spojené s hmotnou časťou, teda s telom tvora. V skutočnosti sú mnohé zážitky fyzickej povahy, to znamená, že sú spôsobené piatimi zmyslami.

Čo sa týka ľudí, je jasné, že niektoré fyziologické procesy prebiehajú väčšinou nevedome. Väčšina akcií však vychádza z osobného výberu. To potvrdzuje, ako sa jednotlivé silové polia líšia pre každú živú bytosť.

Vďaka týmto vlastnostiam možno pojem „individuálne silové pole“ prirovnať k pojmu „duša“”.

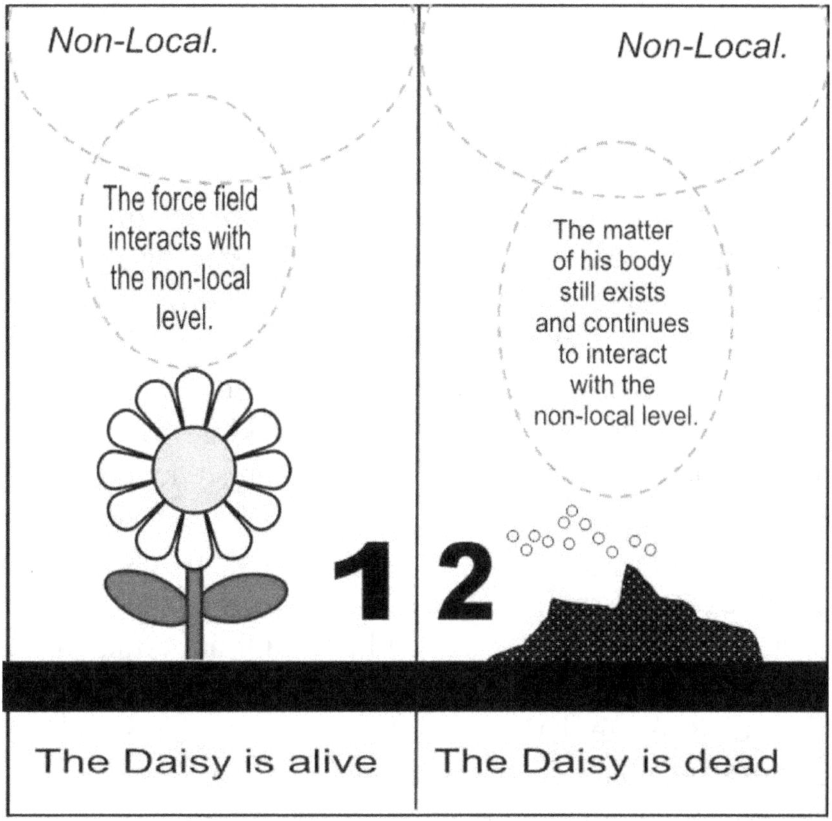

Obrázok 46. Silové pole tvora neprestáva existovať, pokiaľ existuje hmota, z ktorej sa skladá jeho telo.

1 Sedmokráska žije. Silové pole sedmokrásky interaguje s nelokálnou úrovňou.

2 Sedmokráska je mŕtva. Častice v jeho tele sú transformované, ale naďalej interagujú s nelokálnou úrovňou.

A keď stvorenie zomrie, čo sa stane?

Otázka, ktorú si môžeme položiť, je: čo sa stane s individuálnym silovým poľom, keď stvorenie zomrie?

Absolútne nič. V skutočnosti smrť nezahŕňa zničenie hmoty, ale iba jej zničenie.

Kozmológovia dnes radi hovoria, že sme z hviezdneho prachu. Naozaj, je. Atómy nášho tela sa budú môcť stať súčasťou iných tiel, ale prepletenec, ktorý ich spájal, neprestane existovať, rovnako ako neprestane existovať silové pole.

Individuálne silové pole zostáva v nelokalite, v psychickom kozme, prispieva k obohateniu ideí v ňom obsiahnutých a nesie so sebou históriu toho, čo je s ním navždy.

Je úžasné, že každý atóm, každá častica sa môže podieľať na viacerých silových poliach. To platí aj vtedy, keď sa znovu použije pri stavbe iných tvorov.

Ak je pravda, že po smrti tvora sa hmota jeho tela môže stať súčasťou iných tvorov, platí aj to, že tá istá hmota, ktorá je súčasťou teraz živého tvora, bola v minulosti súčasťou iných tvorov.

Nikto nemá privilégium „byť úplne nový“. Všetci sme vyrábaní recykláciou materiálu, ktorý už bol použitý milióny alebo miliardy krát.

Je predsa ľahké pochopiť, ako sa už v priebehu nášho života nekonečné množstvo odpadových látok nášho tela, ako sú porezané nechty, pot, aerosóly z nášho kýchania, stáva súčasťou iných tiel, no ďalej sa delí a ovplyvňuje. na našom silovom poli.

To nás však neprekvapuje vo vesmíre, kde je všetko jedno. Je teda individuálne silové pole tvora nesmrteľné?

Možno. Vieme, že hmota je energia a všetka hmota vo vesmíre pochádza z počiatočného náboja energie, ktorý explodoval pri Veľkom tresku.

Je možné, že v nepredstaviteľnej budúcnosti sa všetka hmota vesmíru zrúti späť na energiu. Keď sa tak stane, už nebude na čom.

Pravdepodobne zmizne informácia každého tvora, ale nie energia, ktorá sa vráti, aby sa pripojila k veľkej, neznámej energii, z ktorej to všetko začalo.

Čo sa stane s dobrom a zlom? Možno silové polia živých tvorov prenesú do Energie svoj odtlačok dobra a zla.

To môže stále vytvárať napätie v Energii, ktorá vybuchne v novom veľkom tresku, ktorý vygeneruje nový vesmír, v cykle, ktorý sa skončí až vtedy, keď bude energia celá vyčistená a upokojená. Ale potom bude naozaj koniec.

. Poznanie budúcnosti.

Predvídavosť je schopnosť poznať budúcnosť. Tí, ktorí majú túto schopnosť, dokážu získať vedomosti o udalostiach skôr, ako sa stanú. Môžu vopred vidieť miesta, predmety alebo ľudí tak, ako budú v budúcnosti.

Pod týmto názvom môžeme zoskupiť mnoho ďalších hlasov, ktoré sa často používajú jeden pre druhého, ale majú odlišný význam.

Tušenie (apriórny pocit) spočíva v nejasnej intuícii, že sa niečo chystá, aj keď často nevieme čo. Nie je nezvyčajné, že predtucha vyvoláva pocity obáv alebo tichého očakávania.

Predvídanie (apriórne poznanie) spočíva v tom, že najprv vieme, čo sa stane v určitej budúcnosti. V istom zmysle predstavuje predvídanie rozvinutejšie štádium ako obyčajná predtucha.

Predtucha je znalosť javu, ktorý sa odohráva na diaľku v tom istom momente, v ktorom je vnímané varovanie.

Predtucha pozostáva z emocionálneho javu, spojeného so získavaním budúcich udalostí, pred ktorými sme varovaní, alebo skôr sme závislí. Často je to pocit, ktorý sprevádza určitú činnosť, ktorá sa vykonáva alebo chce vykonať, a umožňuje nám s istotou nahliadnuť do dôsledkov.

Jasnovidnosť (jasné videnie) je mentálna vízia skutočností, ktoré sa v budúcnosti vyskytnú, keď sa budú odvíjať, takmer ako na fotografii alebo vo filme.

Tragické dobrodružstvo na mori.

V roku 1827 veľrybárska loď Grampus opustila Nantucket, ostrov v Spojených štátoch amerických. Ostrov sa nachádza 48 km južne od Cape Cod v štáte Massachusetts. Kapitán Barnard vedel, že v nákladnom priestore je ukrytý čierny pasažier, mladý Arthur Gordon, blízky priateľ jeho syna Augusta.

Navyše, dokonca aj kapitán bol priateľom Arthurovho otca, a preto prijal podvod. Dohoda znela tak, že keď sa na šírom mori „objaví" prítomnosť mladého muža, on zostane na palube a už ho nebude môcť vylodiť. Týmto chcel mladý Arthur uspokojiť svojho ducha dobrodružstva spolu s Augustom.

Všetko išlo dobre niekoľko dní, kým Arthur už nedostával správy ani jedlo od svojho priateľa vo svojom úkryte. Znepokojený zistil, že na palube došlo k vzbure s krvavými príbehmi o vraždách. Hovorilo sa napríklad o námorníkoch, ktoré kuchár zabil sekáčom, pretože stál na strane výtržníkov.

Artušovi, jeho priateľovi Augustovi a kajúcemu rebelovi sa podarilo vzburu ukončiť. Bohužiaľ, búrka vážne poškodila loď, ktorá zostala bez riadenia.

Traja priatelia spolu s ďalším mladým mužom menom Richard Parker museli opustiť svoje útočisko na inej lodi, ktorá sa objavila náhodou. Aj táto loď však zostala opustená.

Bez vody a jedla, vyčerpaní, sa štyria rozhodli obetovať jedného z nich, aby ho ostatní mohli zjesť, aby prežili.

Bolo extrahované meno Richarda Parkera. Ostatní traja mladíka okamžite zabili a kanibalizovali. Títo sa vlastne zachránili.

Príbeh, ktorý som tu stručne rozpovedal, je zhrnutím poviedky napísanej v roku 1837 majstrom hororovej literatúry Edgardom Allanom Poeom. Názov je „Dobrodružstvá Arthura Gordona Pyma". Ide teda o vymyslený príbeh.

Ale ... sme si istí, že je to naozaj príbeh, ktorý sa nikdy nestal?

Obrázok 47. Prípad kanibalizmu vyrozprávaný v „Dobrodružstvách Arthura Gordona Pyma“ na ilustrácii doby.

Skutočný príbeh. Vrak lode „Mignonette“.

V roku 1883 mal bohatý austrálsky právnik John Henry Want, ktorý bol na návšteve Anglicka, možnosť navštíviť malú 16-metrovú jachtu Mignonette, ktorá bola na predaj. Zaujalo ho to a rozhodol sa ho kúpiť.

Problém bol dostať sa do Austrálie, keďže je to malá loď, a preto nie je vhodná na túto plavbu. S určitými opatreniami bolo rozhodnuté naštartovať jachtu, čo sa stalo 19. mája 1884 z anglického prístavu Southampton s cieľom Sydney.

Posádku tvorili štyria ľudia: kapitán Tom Dudley, Edwin Stephens, Edmund Brooks a centrál Richard Parker, 17-ročný chlapec bez skúseností s plachtením.

Keď bola Mignonette nájdená asi 1600 míľ severozápadne od Mysu dobrej nádeje, zasiahla ju prílivová vlna a prevrátila ju. Čoskoro sa potopila, no posádke sa podarilo ujsť do bezpečia na záchrannom člne.

Žiaľ, vo svojom zhone si so sebou nepriniesli nič užitočné na prežitie. Ponechaní sami na seba uprostred oceánu sa rozhodli jedného z nich obetovať pre prežitie ostatných. Nehádzali žreb.

Kapitán Dudley a námorník Stephens sa rozhodli, že príde rad na mladého Parkera. Namiesto toho sa druhý námorník, Brooks, zdržal hlasovania. Dôvodom výberu bolo, že Richard Parker bol chorý a nemal žiadnu rodinu, ku ktorej by sa mohol vrátiť.

Obrázok 48. Frontispis anglického vydania poviedky Edgarda Allana Poea.

Obrázok 49. Jachta Mignonette, malý 16-metrový čln, hlavný hrdina strašného príbehu o stroskotaní lode, na ilustrácii doby..

Traja sa zachránili vďaka (nedobrovoľnej) obeti mladého chlapca. Neskôr ich medzi 26. a 27. júlom 1884 zachránila loď Montezuma pri pobreží Rio de Janeira.

Doma podstúpili súdny proces.

22. decembra 1884 boli Dudley a Stephens odsúdení na trest smrti. Neskôr však po všeobecnej vzbure verejnej mienky v prospech pozostalých bol trest znížený na šesť mesiacov väzenia.

Literárne vízie budúcnosti,

Takže Edgard Allan Poe vo svojom fantastickom príbehu o dobrodružstvách Arthura Gordona Pyma, napísanom v roku 1837, rozpráva o prípade kanibalizmu, ktorý zahŕňa po stroskotaní lode mladého chlapca menom Gordon Parker, ktorého zjedli ďalší traja preživší.

Je neuveriteľné, že v roku 1884, o 47 rokov neskôr, sa tento prípad skutočne stane a mladý chlapec menom Richard Parker, ktorý s tromi ďalšími unikol pred potopením lode Mignonette, sa stane potravou pre ostatných, ktorí prežili.

Talianska encyklopédia Treccani definuje epizódy predvídania takto: "Predtucha je paranormálna informácia týkajúca sa výskytu budúcich udalostí. Všeobecnejšie je to predtucha, znamenie, varovné znamenie."

Keď nadobudneme pocit, že sa určitá skutočnosť stane, a potom sa skutočne stane, nechá nás to zmiasť. Ako sme dokázali tak presne predpovedať udalosť, ktorá sa stane len v budúcnosti?

V skutočnosti je predtucha alebo predvídavosť duševný dynamizmus, ktorý sa zameriava na udalosť už obsiahnutú v nelokálnej dimenzii. Mnohé udalosti, ktoré sa stali v minulosti, alebo ktoré sa stanú v budúcnosti, sa nám zrazu môžu zdať veľmi jasné v každom detaile.

V týchto prípadoch sa naše vedomie oslobodilo od pravidiel času a priestoru platných v našom rozumnom vesmíre a učí sa od univerzálnej Mysle. Táto Myseľ, pretože sa nachádza v nelokálnej dimenzii, nepozná žiadne fyzické obmedzenia. V nelokálnom prostredí sú všetky informácie vesmíru dostupné v kontexte, ktorý nepredvída ani predtým, ani potom, ani teraz.

V tomto kontexte sa kultúrnej predvídavosti, typickej pre tých, ktorí sú zvyknutí na prácu s mozgom ako spisovatelia, kreatívci a učenci, dostať do univerzálneho poznania nemiestnej úrovne. Tu zbiera informácie, ktoré sa v našom každodennom živote môžu zdať ako očakávania budúcich udalostí.

Okrem tragédie Richarda Parkera existuje mnoho ďalších prípadov kultúrnej predvídavosti zo strany spisovateľov. Jedným z najznámejších je ten, ktorý súvisí s potopením Titanicu.

Loď „Márnosti“. Potopenie "Titanu".

Morgan Robertson je americký spisovateľ, narodený v Oswego v roku 1831, známy svojimi príbehmi založenými na námorníckych dobrodružstvách. Pre tento žáner bol nadšený vďaka svojmu pôvodu, v skutočnosti bol synom Andrewa, veliteľa lodí.

Zdá sa, že Morgan bol vynálezcom periskopu, prípadne spolupracoval na jeho realizácii. Jeho sláva však pramení takmer výlučne z príbehu, ktorý napísal v roku 1898 s názvom Márnosť. Rozpráva príbeh o veľkej zaoceánskej lodi, ktorá sa v dôsledku zrážky s veľkým ľadovcom potopí do Atlantiku.

Dej príbehu sa sústreďuje na hlavného hrdinu Johna Rowlanda, bývalého námorného dôstojníka Spojených štátov amerických, alkoholika a degradovaného človeka, ktorý pracuje ako námorník na Titane. Táto loď sa jednej noci zrazí s ľadovcom a potopí sa, no Johnovi sa podarí uniknúť priamo na ľadovci s dievčaťom.

Samozrejme, John bude zachránený pomocou tohto dievčaťa. Vďaka nej si vyrieši problémy s alkoholom a prežije zvyšok života šťastne.

To, čo nás však v tomto príbehu zaujíma, nie sú osobné udalosti Johna Rowlanda, ale mimoriadne zhody okolností, ktoré spájajú pomyselné potopenie Titanu a skutočné potopenie Titanicu. Stalo sa tak v roku 1912, teda o 14 rokov neskôr.

Skúsme vymenovať všetky náhody medzi týmito dvoma stroskotaniami.

Obrázok 50. Potopenie Titanicu v titulku New York Times. Vpravo obálka starej talianskej verzie poviedky Morgana Robertsona Márnosť, premenovanej na „Stroskotanie titánu“.

Súvislosť medzi (fantastickým) potopením Titanu a (skutočným) potopením Titanicu, ku ktorému došlo po 14 rokoch.

Názov.

Jedna loď sa volala Titan, druhá Titanic.

Obete stroskotania lode.

Obe stroskotania si vyžiadali tisíce obetí.

Príčina stroskotania lode.

Obe lode sa potopia po zrážke s ľadovcom.

Miesto dopadu.

Obaja narazili na ľadovec na pravoboku.

Miesto stroskotania lode.

V oboch prípadoch k stroskotaniu lode dôjde asi 400 míľ od Newfoundlandu.

Rýchlosť v momente nárazu.

Obaja išli podobnou rýchlosťou. (25 uzlov Titan, 22,5 uzlov Titanic).

Prezývka.

Obe lode boli označené ako „nepotopiteľné".

Pohon.

Oba boli trojvrtuľové a mali dva hriadele.

Rozmery.

Titan bol dlhý 244 metrov, Titanic o niečo viac, 269.

Záchranné člny.

Obaja mali nedostatočné záchranné člny pre všetkých cestujúcich.

Odchod dvoch lodí

Obaja odišli v apríli

Navigačná trasa..

Obaja boli na trase z Veľkej Británie do New Yorku.

Treba povedať, že po skutočnom stroskotaní bol príbeh znovu publikovaný so zmenami, aby sa viac podobal realite, ale analógie, ktoré tu uvádzam, súvisia s prvou verziou.

CICAP mimoriadne zlikviduje problém konštatovaním, že pre autora bolo celkom jednoduché predstaviť si príbeh potopenia veľkej lode, keďže ich bolo v obehu toľko. nekomentujeme.

Predpovedanie udalostí.

Každý z nás mal niekedy v živote nejakú predtuchu. Často sú predtuchy sprevádzané fyzickými pocitmi ako zimnica, husia koža, ale aj „motýle v žalúdku".

Vedec z Kolumbijskej univerzity v New Yorku tvrdí, že žalúdok v skutočnosti hostí veľkú sieť nervových buniek, ktoré sú večne spojené s emocionálnou časťou mozgu. Je zrejmé, že emocionálne silové pole, generované predtuchou, stimuluje aj žalúdok, aby bola emócia vnímateľná aj rozumne.

Predtuchy sú veľmi časté a často zachraňujú ľudské životy.

V roku 1956 americký inžinier William Edward Cox publikoval článok s názvom „Prepoznanie. Analýza „obsahujúca správu o jeho výskume o prekogníciі.

V praxi Cox vykonal štúdiu porovnávajúcu počet cestujúcich vo vlakoch, ktoré jazdili obyčajne, s počtom cestujúcich v 28 vlakoch, ktoré sa stali účastníkmi nehôd.

Porovnanie ukázalo výrazné zníženie počtu cestujúcich vo vlakoch, ktoré utrpeli nehody. Namiesto toho bol počet cestujúcich v tých istých vlakoch, ktorí cestovali bez incidentov, konštantný. (Pozri obr. 51).

Cox publikoval desiatky článkov a výskumov o parapsychológii a pracoval v Parapsychologickom laboratóriu Duke University v Durhame v Severnej Karolíne, takže nebol improvizátorom, ale skúseným experimentátorom. Zomrel v roku 1994.

Niektorí vedci tvrdia, že predtuchy nie sú ničím iným ako prejavom intuície. Ako už bolo spomenuté, intuícia nie je mimozmyslové vnímanie, pretože čerpá z už získaných vedomostí a spracováva ich, aby získala náznaky správania.

Medzi intuitívnymi reakciami a vedomosťami, ktoré už máme, určite existuje príčinná súvislosť. V súčasnosti však neexistuje žiadna príčinná súvislosť.

Aj keď nám skúsenosť hovorí, že skôr či neskôr bude mať vlak nehodu, nemôže nám povedať, že práve ten vlak ju v ten deň má.

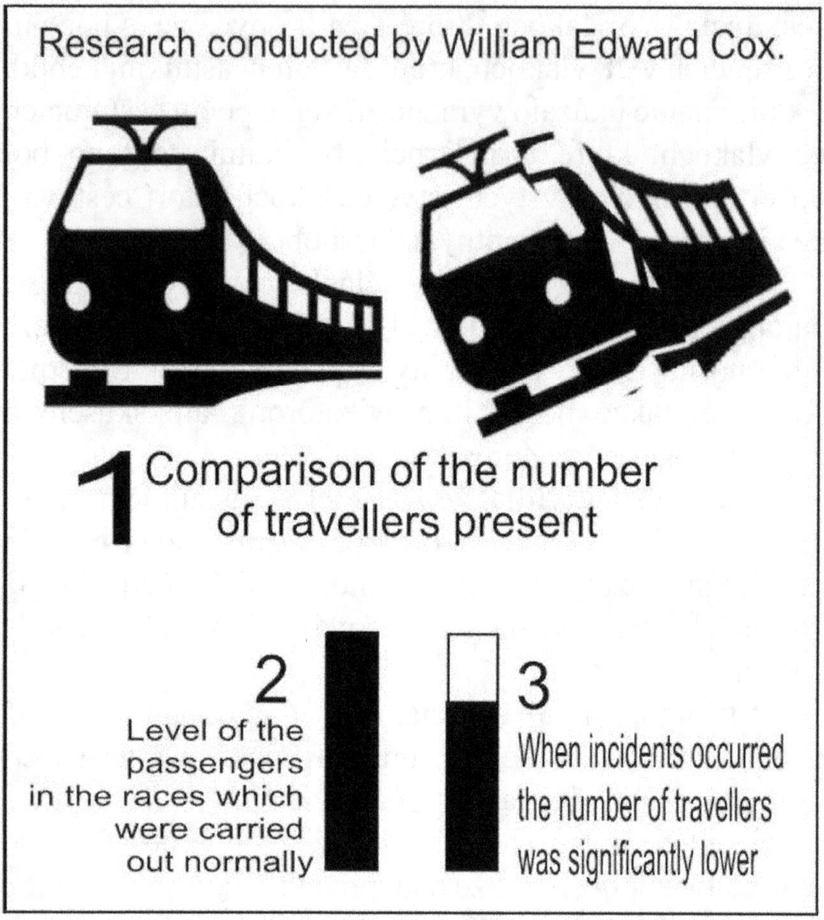

Obrázok 51 Výskum Williama Edwarda Coxa, ktorý urobil porovnanie medzi počtom cestujúcich vo vlakoch v konkrétnych železničných úsekoch. V prípadoch, keď dôjde k nehodám, bol počet cestujúcich výrazne nižší.

1 Porovnanie počtu prítomných cestujúcich.

2 Počet cestujúcich vo vlakoch, ktorí neutrpeli nehodu.

3 Počet cestujúcich v tých istých vlakoch v dňoch, v ktorých došlo k nehodám.

Experimenty Deana Radina.

Dean Radin je psychológ, riaditeľ Laboratória pre výskum vedomia na University of Nevada v Las Vegas. Patrí k parapsychológom so solídnym vedeckým zázemím, ktorí pôsobia v prestížnych štruktúrach, akými sú univerzity či iné výskumné centrá.

V polovici 90. rokov Radin spolu so svojimi spolupracovníkmi odštartoval cyklus experimentov zameraných na overenie predtuchy.

V typickom experimente sa meralo emocionálne vzrušenie subjektov podrobených testu. Na tento účel boli zmeny odporu kože merané špeciálnymi prístrojmi pomocou elektród pripojených k prstom. Viac-menej ako vy v teste detektora lži.

Základným princípom je, že pri zmene emocionálneho stavu človeka sa mení aj činnosť jeho potných žliaz a následne aj elektrická aktivita kože. Počas testu boli subjekty vystavené „emocionálnemu stresu“ dostatočne významnému na to, aby vyvolali významné zmeny v potných žľazách.

Aby to dosiahli, boli vystavení malým elektrickým šokom, náhlym a nepríjemným zápachom. Častejšie sa im ukazovali obrázky.

Experiments by Dean Radin

1 To Volunteers Images from the pacific or shocking content are shown.

2

Quiet pictures.
The reaction
occurs 2-3 seconds
AFTER
viewing the image.

3

Highly emotional
images.
The test reaction is
two or three
milliseconds
BEFORE
the image is vision.

Obrázok 52. V experimentoch Deana Radina boli subjekty riadené elektronickým zariadením schopné vnímať príchod šokujúcich obrázkov skôr, ako sa objavili na obrazovke.

1 Dobrovoľníci si prezerajú obrázky s upokojujúcim alebo šokujúcim obsahom.

2 V prípade obrázkov s upokojujúcim obsahom dobrovoľníci reagujú 2 alebo 3 sekundy po zhliadnutí.

3 V prípade obrázkov s traumatickým obsahom dobrovoľníci reagujú 2 alebo tri milisekundy pred zobrazením obrázka.

. Fotografie krajiny alebo usmievajúcich sa detí sa striedali s fotografiami mŕtvol pri pitve, dopravných nehôd alebo s vysoko pornografickým obsahom. Samozrejme, obrázky sa zrazu objavili na obrazovke. (Pozri obr. 52).

Počas rôznych sedení experimentu si Radin a jeho spolupracovníci všimli, že keď videli obrázky s pokojným obsahom, subjekty si zachovali pokoj.

Na druhej strane, keď sa premietali zábery so silným emocionálnym nábojom, subjekty reagovali silne, čo bolo možné zistiť pomocou pripojených prístrojov.

Zatiaľ je to dobré, kde je to prekvapenie?

Prekvapenie spočíva v reakčných časoch. Meraním reakčných časov na silné obrázky v milisekundách sa zistilo, že emocionálny stav sa menil niekoľko milisekúnd PRED zobrazením obrázka. Stalo sa to tak, ako keby podvedomie subjektov vopred vedelo, že prichádzajúci obraz je vysoko emotívny.

Vízia budúcich katastrof.

Svedectiev týkajúcich sa predpovedania katastrof je nespočetne veľa. Môžeme si spomenúť predovšetkým na jeden prípad, zosuv pôdy, ktorý 21. októbra 1966 zatopil banícku dedinu Aberfan vo Walese.

Zosuv viac ako 150-tisíc kubických metrov odpadu z ťažby uhlia, ktorý spôsobili vytrvalé dažde z predchádzajúcich dní, pochoval mesto o 9.15 h. Hora trosiek zasiahla aj školu v čase, keď tam boli všetci žiaci

Keby sa to stalo o hodinu skôr, škola by bola prázdna. Medzi 144 obeťami bolo napočítaných 128 detí.

Vo svojej knihe „Rozšírená myseľ" autor Rupert Sheldrake píše takto:

The psychiatrist J.C. Baker, who worked in the village after the tragedy, discovered that many people had had premonitions.
He investigated 76 cases. Of these, 3 were about dreams. Some dreams were so vivid and horrifying that those who did them would wake up with a start shouting.
Some people felt intense anguish. A ten-year-old girl, Eryl Jones, killed in the tragedy, told her mother two weeks earlier: "Mom, I'm afraid of dying" and added that she would die with her friends

„Psychiater J.C. Baker, ktorý po tragédii v obci pracoval, zistil, že veľa ľudí malo predtuchy. Celkovo vyšetroval 76 prípadov. Z toho 3 zahŕňali sny. Niektoré sny boli živé a desivé až do tej miery, že sa niektorí ľudia zobudili s krikom... Niektorí ľudia pociťovali intenzívnu úzkosť. Desaťročné dievčatko Eryl Jones, ktoré pri nešťastí zomrelo, pred dvoma týždňami povedalo svojej matke: „Mami, bojím sa smrti." Dievčatko dodalo, že zomrie, kým bude so svojimi priateľmi. .
Erylina mama sa čudovala, prečo to dievčatko takto rozprávalo. Potom, deň predtým, Eryl povedala svojej matke: „Snívalo sa mi, že idem do školy a že škola je preč. V mojom sne niečo čierne spadlo z neba a rozdrvilo školu. Na žiadosť svojej matky bola Eryl pochovaná vedľa jej malých priateľov."

Obrázok 53. Prvá pomoc v dedine Aberfan (zo stránky Londranews.com)

Iné typy predpovedí.

Existujú aj iné typy predpovedí, ktoré nesúvisia s tragickými udalosťami. Môžete napríklad spoznať osobu na starej fotografii a krátko nato, v ten istý alebo nasledujúci deň, ju môžete stretnúť. Niekedy, po tom, čo ste mysleli na osobu, môžete dostať telefonát, e-mail alebo list.

Sú ľudia, ktorí vždy vopred vedia, kedy sa niekto chystá prísť, najmä ak sú medzi nimi putá náklonnosti alebo príbuzenstva.

Zrejme teda predtuchy zažívajú aj zvieratá. Zdá sa, že mnohí sú schopní predpovedať príchod zemetrasení, hoci nevieme, či to skutočne závisí od predpovedí alebo od konkrétnej citlivosti, vďaka ktorej sú schopní zachytiť fyzikálne signály, ktoré človek ešte neidentifikoval.

Pokusy sa robili aj na zvieratách (psoch a mačkách), ktoré „vedia", kedy sa majiteľ vracia domov. Tieto zvieratá môžu očakávať návrat, aj keď k nemu dôjde v rôznych časoch. Toto uvedomenie prejavujú jasne explicitnými postojmi, ako napríklad stáť pri dverách, aby privítali svojho pána hneď, ako príde.

Pocit byť sledovaný.

Pocit pozorovania je celkom bežný a často aj smerový, čiže vnímame smer, z ktorého nás niekto pozoruje. Ak sa pozrieme späť, vidíme, že skutočne existuje niekto, kto na nás pozerá.

Veľmi často sa nám totiž stáva, že sme pozorovatelia. Z nejakého dôvodu na človeka zízame... Zrazu sa tento človek otočí a jeho pohľad sa stretne s naším

Zlé oko a fascinácia.

Zákerné pohľady sú zvláštnosťou ľudského správania, ktoré bolo vždy známe a vždy sa vyznačovalo negativitou. V knihe Evil Eye, ktorú v roku 1895 vydal Frederick Thomas Elworthy, sa tvrdí, že oko má silu vyžarovať silu. Keď táto sila vyviera z oka závistivých alebo nahnevaných ľudí, vzduch sa stáva zlým.

Skutočne, Elworthy už mal dôstojných predchodcov. Vieru v zlé oko v staroveku zastávali kultivovaní muži ako Aristofanes, Plutarchos a Heliodorus. Niektorí kritici Sokrata tvrdili, že tento veľký filozof mal zlé oko.

Nemôžeme hovoriť o zlom oku bez toho, aby sme nespomenuli jeho opak, fascináciu. Toto je schopnosť čarovať pohľadom. Fascinácia nastáva, keď sa pozitívne zapojíme do relácie, filmu alebo niečoho, čo upúta našu pozornosť. Často nás fascinuje aj správanie človeka.

Fascinácia sa často interpretuje ako navodenie hypnotického stavu. Tí, ktorí ňou trpia, nie sú schopní reagovať. Najznámejším príkladom v prírode je smrteľná fascinácia hada, ktorý svoju obeť znehybní iba pohľadom.

Menej tragicky možno povedať, že napríklad pohľad šteniatka má schopnosť nás zaujať, tak ako prirodzene aj pohľad dieťaťa alebo blízkeho človeka.

Projekt „Globálne vedomie".

V predchádzajúcej kapitole, predstavujúcej experimenty Deana Radina, som poukázal na prekvapivú črtu, ktorá z nich vyplynula. Ľudia podrobení experimentu vopred vnímajú vzhľad najsilnejších obrazov. V týchto prípadoch reagujú s merateľnými elektrickými signálmi. Reakcia nastane skoro, niekoľko milisekúnd predtým, ako sa na obrazovke objaví obraz.

Tento fenomén predpokladaného vnímania nepríjemných udalostí už mnohokrát zaznamenali mnohí bádatelia.

Niekto by si mohol položiť otázku: ak je možné vopred predvídať negatívne situácie testovaním osoby, nebolo by možné testovaním obyvateľov mesta predpovedať negatívne udalosti, ktoré toto mesto ovplyvňujú?

Analogicky, ak negatívne udalosti spôsobujú zmeny vo vedomí ľudí skôr, ako k nim dôjde, nebolo by možné testovaním porúch veľkých skupín obyvateľstva predpovedať negatívne udalosti, ktoré ovplyvňujú celé národy alebo kontinenty alebo celú planétu?

Obrázok 54, Princetonská univerzita so sídlom v Princetone, New Jersey, je jednou z hlavných univerzít v Ivy League a je uznávaná ako jedna z najprestížnejších univerzít na svete. Tu je založený projekt globálneho vedomia.

Niekto to skúsil. Google Profil of Mood States (GPMOS)

Skupina počítačových vedcov a štatistikov z University of Indiana sa pokúsila zachytiť pulz kolektívnej nálady analýzou nálad sociálnych sietí, najmä Twitteru.
Na tento účel použili nástroj pripravený spoločnosťou Google, „Google Profile of Mood States“. Vedci analyzovali počas ôsmich mesiacov, od marca do decembra 2008, nálady zaznamenané GPMOS, ktorých je šesť: šťastie, láskavosť, bdelosť, pokoj, bezpečnosť, vitalita.
Vybrali si obdobia, v ktorých prevládala pokojná nálada, zrovnali ju s trendom na burze a overili, že keď vzorka túto situáciu vyjadrovala, burza uzavrela bez prekvapenia s presnosťou prognózy 88 percent.

Niekto uspel. Projekt globálneho vedomia (GCP)

Niekto iný sa postaral o to, aby pulz sveta zisťoval vedeckejšie. Stalo sa tak s prebiehajúcim výskumom, ktorý sa odohráva v rámci projektu vytvoreného v 80. rokoch 20. storočia profesormi Robertom Jahnom a Brendou Dunne z Princetonskej univerzity. Projekt je "Princetón Engineering Anomalies Research".

Tento projekt sa zrodil, keď nám rôzne experimenty umožnili predstaviť si, že by kolektívne globálne vedomie skutočne mohlo existovať.

Štúdie spočívajú v overovaní psychokinetických účinkov ľudských emócií na niektorých malých elektronických zariadeniach. Ide o elektronické generátory náhodných čísel. Technicky povedané RNG (generátor náhodných čísel).

Vieme, že čísla môžu byť nepárne alebo párne. Z tohto pohľadu sú dve možnosti. Preto, ako sa stáva pri hode mincí, po primeranom počte hodov sa výsledok vyrovná (50% -50%).

Dobrovoľníci boli požiadaní, aby sa pokúsili mentálne ovplyvniť výstup párnych alebo nepárnych čísel. Zistilo sa, že dobrovoľníci skutočne mohli vytvárať zaujímavé variácie s ohľadom na štatistiky.

Neskôr došlo k prekvapeniu. Vedci pozorovali, že umiestnením generátorov RNG do daného prostredia sa výsledky často líšili od tých, ktoré boli štatisticky predvídateľné. To sa tiež stalo, keď sa nikto nepokúsil ovplyvniť výsledky.

Záver bol, že generátory RNG môžu byť ovplyvnené náladami ľudí v ich dosahu. Nebolo potrebné, aby sa o to pokúšali žiadni dobrovoľníci. Zdalo sa, že existuje „vedomie komunity“ interagujúce s RNG, podľa prevládajúcich nálad.

Experiment dostal názov „Mega Trial“. Pokračovalo za účasti ďalších dvoch výskumných ústavov, vo Freiburgu a Giessene v Nemecku.

V nasledujúcich rokoch umožnili zaujímavé výsledky a väčšiu prepracovanosť technológií pripojiť sa k projektu (ktorý dostal názov „Global Consciousness Project“) mnoho ďalších inštitútov.

Mnoho generátorov náhodných čísel bolo umiestnených prakticky po celom svete, od Európy cez USA až po Rusko a potom aj v Japonsku, Brazílii, Číne,

Južnej Amerike, Austrálii a Afrike. Dokopy bolo inštalovaných okolo 150 výkonných generátorov RNG.

Tieto generátory, stále v prevádzke, fungujú bez zásahu dobrovoľníkov, ktorí sa ich snažia ovplyvniť. Generujú náhodné čísla (jedna alebo nula) stokrát za sekundu, pričom vykonávajú predpoveď a potom kontrolujú, či uhádli správne.

Podľa štatistík by sa tak malo stať v 50 % prípadov.

Ale nie je to tak vždy. Pred výskytom hromadných udalostí významného významu sa generátory trafili do šancí oveľa častejšie ako je priemer, ako by ich bežné fungovanie bolo ovplyvnené udalosťami, ktoré nastanú krátko potom.

V praxi sú RNG schopné zaznamenať významnú zmenu v kolektívnom vedomí komunít spadajúcich do ich dosahu, čo sa prejavuje väčším počtom exaktných predikcií.

Pokiaľ môže udalosť ovplyvniť celý kontinent, všetky generátory tohto kontinentu zaznamenajú rovnaké variácie. Potvrdzuje to, že niekoľko hodín pred útokom na Dvojičky v New Yorku dňa 11. septembra 2001 boli zaznamenané obrovské špičky presných predpovedí.

Tieto vrcholy sa naďalej vyskytujú, lokálne alebo globálne, v hodinách predchádzajúcich udalostiam, ktoré čoskoro potom emocionálne zahrnú populácie nachádzajúce sa v ich dosahu.

Treba povedať, že na generátory pôsobia nielen negatívne udalosti, ale aj pozitívne, ako sa to stalo pri príležitosti otváracích ceremoniálov olympiády alebo iných veľkých medzinárodných športových podujatí.

Jediným problémom je, že vo väčšine prípadov nám nástroje umožňujú pochopiť, kedy je ľudstvo v napätí kvôli niečomu, čo sa musí stať, ale nie je možné určiť, ako a kde sa to stane.

„Projekt globálneho vedomia" dnes.

V rokoch 1980 až 2002 pokračovali projektové práce pod vedením prof. Roger D. Nelson, ktorý je teraz jeho koordinátorom. Profesor. Nelson sa špecializuje na štúdium vedomia a zámeru a úlohy mysle vo fyzickom svete. Jeho práca spája vedu a spiritualitu. Zahŕňa výskumný model, ktorý sa priamo zameriava na početné spoločné skúsenosti.

Nelson použil technológiu RNG na štúdium účinkov špecifických stavov vedomia v ľudských skupinách.

Toto teraz pozostáva z globálne distribuovanej siete RNG, ktoré nepretržite odosielajú údaje na server umiestnený na Princetonskej univerzite.

Sieť bola navrhnutá tak, aby zaznamenávala náznaky globálneho vedomia, ktoré sa vzrušuje pri veľkých svetových udalostiach, ako sú začiatky vojen, prírodné katastrofy, veľké športové udalosti a veľké oslavy, ako je Nový rok.

A feeling of great anxiety generates an exceptional increase in the tools of the Global Consciousness Project. This takes place 2 HOURS BEFORE the attack on the Twin Towers.

Obrázok 55. New York, 11. september 2001. Nástroje „Projektu globálneho vedomia" registrujú veľmi silné napätie vo svetovej populácii dve hodiny pred nárazom lietadla na prvú vežu.

Prípad „Twin Towers“ v New Yorku.

Snáď najtragickejšou udalosťou, o ktorej informoval „Projekt Global Consciousness Project“, bola udalosť, ktorá sa odohrala v New Yorku 11. septembra 2001, pri útoku na Dvojičky a ich zrútení.

V ten deň skutočne došlo k sérii štyroch samovražedných útokov, pri ktorých zahynulo približne 3 000 ľudí a ďalších 6 000 bolo zranených.

Dean Radin, ktorý sa podieľa na projekte, vo svojej knihe „Entangled Minds“ opisuje správanie RNG aparátov nasledovne:

"In examining the results of the analysis, we noticed that something unusual happened that day. On 11 September 2001, the curve of the graph underwent an incredible deviation in comparison with the other days examined. It turned out that this curve peaked about two hours before the hijacked plane crashed on the first of the Twin Towers, in New York, at 8.46 am local time.
There is no easy answer to the question of why the curve peaked before the terrorist attack, although it does remind us of the data obtained from precognition experiments. What caused this big change? Has the massive coherence achieved by the whole of minds, at world level, that day been reflected in the behavior of random number generators? It seems that things have gone this way. "

„Pri skúmaní výsledkov rozboru sme si všimli, že v ten deň sa stalo niečo nezvyčajné. 11. septembra 2001 zaznamenala krivka grafu neskutočnú odchýlku v porovnaní s ostatnými skúmanými dňami.

Na otázku, prečo krivka vyvrcholila pred teroristickým útokom, nie je jednoduchá odpoveď, aj keď nám pripomína údaje získané z experimentov s predikciou".

Závery. Je ten správny čas?

Od úsvitu civilizácie ľudstvo vždy napredovalo nelineárnym spôsobom, aj keď darwinizmus podporoval teóriu postupného vývoja druhov, ktoré postupne, prostredníctvom priaznivých mutácií, postupovali po ceste prispôsobovania sa podmienkam prostredia, tzv. nazývaný „fyletický postupnosť".

V roku 1972 dvaja vedci, Stephen Jay Gould a Niles Eldredge, navrhli teóriu „prerušovaných rovnováh". Na základe štúdia fosílií títo dvaja vedci spochybnili lineárnu progresivitu evolúcie. Tvrdili, že druhy zostávajú stabilné po dlhú dobu a potom sa menia počas krátkych období.

V praxi nastávajú evolučné zmeny pomerne rýchlo, pod impulzom selektívnych environmentálnych síl; tieto výbuchy evolučných variácií by boli rozptýlené dlhými obdobiami stability.

Títo dvaja vedci hovorili o evolúcii druhov na biologickej rovine, no je zrejmé, že pokiaľ ide o človeka, biologickú evolúciu sprevádza aj evolúcia kultúrna.

V 14. kapitole sme si skutočne položili otázku, prečo zostal človek v dobe kamennej takmer štyri milióny rokov nehybný, aby sa potom vyvinul neuveriteľnou rýchlosťou za posledných 12 000 rokov až do veku informačných technológií. (pozri obrázok 30).

V tomto smere som podporil zásadu správneho času. Pre všetko existuje správny okamih, aby sa to uskutočnilo, okamih, v ktorom sú vonkajšie objektívne podmienky vhodné na to, aby sa to ľahšie realizovalo.

Správny moment sa prejavuje sériou synchronicity, ktorá podnecuje „využiť daný okamih." Synchronizácia stimuluje jednotlivca alebo celú komunitu, aby sa pustila do dobrodružstva zmeny.

Pre každého z nás existujú správne chvíle, no predovšetkým sú tu správne chvíle pre zoskupenia, národy, celé ľudstvo.

Toto sú momenty, v ktorých je možné urobiť úžasné skoky v uvedomení si nových úrovní kultúry a civilizácie, o ktoré sa treba usilovať. V týchto prípadoch obzvlášť silné, trvalé a opakované synchronicity nútia ľudí k tomu, aby urobili evolučný skok.

Verím, že práve prežívame jeden z týchto momentov, teda prechod od civilizácie hmoty k civilizácii hmoty spojenej s psychikou.

K tomuto cieľu nás vedie neuveriteľná séria synchronizácií. Zažijeme evolučnú fázu mysle, v ktorej sa všetko zmení. Ak má ľudstvo odvahu urobiť tento skok, nič už nebude ako predtým.

Boli sme svedkami rozvoja kvantovej fyziky, neuveriteľného objavu nelokálnej reality, v ktorej sa zapletenie odohráva, nedávneho vývoja projektu „Globálne vedomie". To všetko sa zhoduje s teóriami psychoterapeuta Carla Gustava Junga o kolektívnom nevedomí. Z Jungovho stretnutia a spolupráce s kvantovým fyzikom Wolfgangom Paulim vyplynulo veľa.

Mohli by sme si pripomenúť desiatky a desiatky ďalších náhodných udalostí, ako napríklad štúdie Ruperta

Sheldrakea o morfických poliach alebo teóriu holografického vesmíru fyzika Davida Bohma.

Všetky tieto udalosti sústredené v posledných päťdesiatich rokoch predstavujú búrlivú rieku synchronicity, ktorá vytvára víry schopné zmiesť stáročné presvedčenia, ktoré už nie sú v súlade s realitou.

Medzi týmito zmetenými presvedčeniami nájdeme na prvom mieste materializmus. V dôsledku toho je nedôvera a odsúdenie, ktoré definovali mimozmyslové vnímanie „ilúzie a podvody", zmietnuté.

Je pravda, že vo všeobecnom zmätku to celé armády nečestných využili na to, aby oklamali ostatných tým, že sa vychvaľovali, že majú údajné schopnosti alebo schopnosti. To malo za následok diskreditáciu a popretie celku.

Je čas vrátiť vierohodnosť fenoménu mimozmyslových vnemov. K téme treba pristupovať vážne. Musíme si uvedomiť, že reč mimozmyslových javov je pre nás stále neznáma. Teraz však vieme, že existuje gramatika a slovník a môžeme tvrdo pracovať na ich štúdiu.

Bibliography

Amir Dan Aczel, Entanglement. The greatest mystery of physics.
Barbour Julian, End of the time.
Barrow John David, From zero to infinity. The great story of Nothing.
Barrow John David, The numbers of the universe,
Barrow John David, Why is the world a mathematician?
Barrow John David, look Frank The anthropic principle.
Beitman Bernard, Messages from coincidences.
Cambray Joseph, Synchronicity. Nature and Psyche In a connected universe.
Cantalupi Tiziano, Santarcangelo Donato, Psychism and reality. .
Capra Fritjof, The Tao of physics.
John Cederquist, Coincidences They don't exist.
Cesati Cassin Marco, We're not here by chance.. The power of coincidences.
Subrahmanyan Chandrasekhar, Truth and Beauty. The reasons for aesthetics in science.
Chinnici Giorgio, Case Guard. The secret mechanisms of the quantum world
Chopra Deepak, Coincidences
Ford Kenneth, The world of Quanta. Quantum physics For everyone.
Gamow George, The Adventures of Mr. Tompkins.
Gamow George, Mr. Tompkins ' New World.
Goswami Arneb, Quantum Lighting Guide.

Greene Brian, The plot of the cosmos. Space,
Greene Brian, The hidden universes of parallel reality And the profound laws of the cosmos.
Greene Brian, The elegant universe. Superstrings, hidden dimensions and the pursuit of definitive theory.
Hawking Stephen The Universe in a nutshell.
Hawking Stephen The theory completely. Origin and destination Dell Universe.
Hawking Stephen The great history of the time.
Hawking Stephen Do Big Bang For black holes. A brief history of the universe.
Heckler, Richard, Coincidences.
Robert Hopke, Nothing happens by chance.
Joseph Frank, The power of coincidences.
Young Carl The analysis of Dreams. Archetypes of the unconscious. Synchronicity.
Young Carl Memories, DreamsReflections.
Kane Gordon, The Garden of Particles Elemental.
Shani Mani Quantum. From Einstein In Bohr, quantum theory, a new idea of reality..
Rei Hans, Christianity and Chinese religiosity.
Lederman Leon, Hill Christopher, Physical Quantum for Poets
Licata Ignazio, Watching the Sphinx.
Motterlini Matteo, Mental traps.
Peat David, Synchronicity. A union between the matter e Psyche.
Popper Karl, The Ego and your brain.
Radin Dean. Intertwined minds. Psychic phenomena explained by quantum physics.
Rhine Louisa, Psychokinesis. in mind Dominates matter..
Schumacher Ernst, A guide to the Perplexed, the B
Sheldrake Rupert, The illusions of Science.
Sheldrake Rupert, The mind Extended..

Michael Smith, Young and Shamanism.
Sparzani and Panepucci. (Curators**)** Young and Pauli. The original correspondence: The meeting between psyche and matter.
Henry Stapp Quantum theory and free will..
Michael Talbot, All is a. Feltrinelli
Teodorani Massimo, Bohm. The Physics of Infinity.
Teodorani Massimo, in mind Creative. From the physical universe to intelligent life.
Teodorani Massimo, The entanglement. The Weave In the quantum world: particles To consciousness.
Teodorani Massimo, Synchronicity. The link between physics and psyche. Da Pauli Young ' s Next In Chopra.
Teodorani Massimo, The Atom and the particles Elementary.
Seems Frank The physics of Immortality.
John White, The encounter between science and spirit..
Claudio Widmann, Synchronicity and coincidences Significant.
Claudio Widmann, Introduction to Synchronicity.

Bruno Del Medico, bloger, spisovateľ, redaktor, špecializujúci sa na šírenie problémov súvisiacich so spoločenskými aktuálnymi udalosťami a novými hranicami vedy. Je autorom mnohých textov súvisiacich s nedávnou pandémiou a špecializovanej série o kvantovej fyzike a metafyzike.